亜澄錬太郎の事件簿 1

創られたデータ

業大学名誉教授
藤勝裕 著

C&R研究所

はじめに

本書を手に取ってくださってありがとうございます。本書は「サイエンスミステリー」すなわち、「科学推理小説」です。しかし、科学にはたくさんのジャンルがあります。数学、物理、生物です。本書は、化学を中心にしたものです。ですから、化学＝ケミストリーを組み込んだら、「ケミストリーサイエンス」＝「化学推理小説」ということになるのかもしれません。これは、「推理小説を楽しみながら化学の知識も身に付く」という本書が初めて開拓した今までにない新しいジャンルの本になります。

化学は何でもありの分野です。薬も毒もお酒も食べ物、何でもかんでも化学物質です。これを扱って犯罪を行おうとしたら、何でもできます。でも、見ている人がいるのです。犯人の怪しい意図をシッカリと見抜く人物がいるのです。それが主人公である化学者の亜澄廉太郎《あずみれんたろう》、刑事の水銀隆《みずがねたかし》、女子院生の山田安息香《やまだあすか》です。この３人が絶妙のコンビで、どんな難事件でもスッキリと解決してみせます。亜澄の活躍を充分にお楽しみください。

なお、本書の実験器具のイラストをご提供いただいた桐山製作所様には、多大なご協力をいただきました。ありがとうございます。この場を借りて厚く御礼申し上げます。

２０１５年９月　齋藤勝裕

登場人物紹介

◉亜澄錬太郎《あずみれんたろう》

帝都大学工学部物質工学科の助教。助教というのはかつての助手である。頭脳明晰で犯罪推理に天才的な能力がある。少々理屈っぽくて偏屈な所があるが、根はスポーツマンの好男子。

◉山田安息香《やまだあすか》

博士課程1年の女子院生で、亜澄に教わって研究している。社交家で学内学外に信じられないほどの人脈を持つ。亜澄の偏屈はシャイを隠したものと見透かして、うまい具合にあしらっている。

◉水銀隆《みずがねたかし》

警視庁のバリバリの刑事。亜澄とは高校時代の同級生であり、共にラグビー部に属した親友。毒物など、化学に関係した事件では率直に亜澄に相談し、これまでにも多くの助言をもらっている。

◆亜澄助教の実験室の紹介

帝都大学工学部物質工学科の実験室の見取り図。亜澄と安息香は、日々ここで実験を行っている。

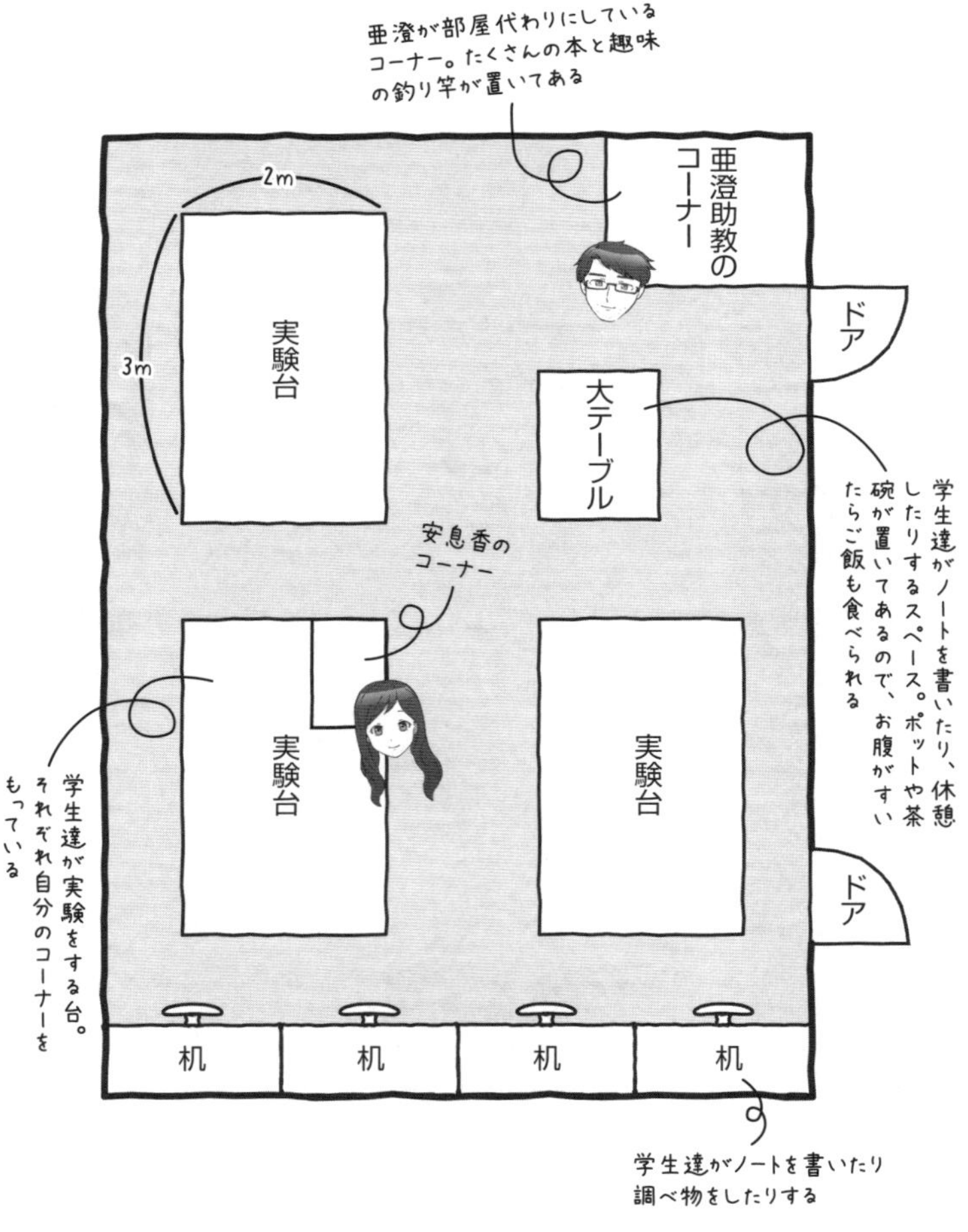

Contents

はじめに …… 2
登場人物紹介 …… 3

第1話
創られたデータ …… 7
［トリック解明編］ …… 21
［化学解説編］ …… 27

第2話
若草色の殺意 …… 43
［トリック解明編］ …… 58
［化学解説編］ …… 62

第3話
学位の行方 …… 83
［トリック解明編］ …… 97
［化学解説編］ …… 102

Contents

第4話 冤罪の代償 …… 125
［トリック解明編］…… 140
［化学解説編］…… 145

第5話 暁の炎 …… 163
［トリック解明編］…… 178
［化学解説編］…… 183

第6話 秘められた再会 …… 201
［トリック解明編］…… 217
［化学解説編］…… 221

第1話

創られたデータ

～第1話　創られたデータ～

「亜澄《あずみ》先生、おはようございます」
「おー安息香《あすか》か、おはよう。今日も元気そうだな」
「えー、元気だけが取り柄ですので」

ここは帝都大学工学部物質工学科の園田研究室である。「研究室」というのは部屋の名前ではなく、研究組織の単位のことである。一般に研究室というのは研究責任者、共同研究者、学生から成り立っている。園田研究室は、教授の園田敏弘の他に准教授の高山秀昭、助教の亜澄錬太郎という三人の教官と七人の院生、五人の卒研生という総勢十五人から成り立つ組織である。

亜澄のポジションは助教である。昔は助手といった。しかし、十数年前の大学改革によってポジション名が変わった。「教授」は昔のまま「教授」であるが、昔の「助教授」は新制度では「准教授」となり、「助手」は「助教」となった。何となく据わりの悪い名前であり、亜澄は好きでないが、仕方がない。

亜澄と話しているのは女子院生の山田安息香である。安息香は、大学院3年生ともいうべき、博士課程の一年生である。安息香が園田研に配属になったときには、教官陣は現在のままだったから、亜澄と安息香の付き合いは四年になる。

安息香はその間ずっと亜澄の研究グループに属していたから、二人は互いに気心の知れた、気の置けない関係である。亜澄は研究者としては優秀だが、少々理屈っぽいところと気難しいところがあるが、実はそれは彼のシャイの裏返しなのである。安息香はその辺の所は知り抜いた上で、亜澄を適当にあしらって楽しんでいる。今日も、他愛のない会話をしながら実験を続けている。周りの学生も二人の会話を楽しんでいる風がある。

園田研究室にはいくつかの部屋がある。中心は二つある大部屋の実験室である。それぞれを高山と亜澄が管理する。そのほかに測定器を置く測定室、小さなゼミをするゼミ室がある。教授と准教授は自分の居室、教官室を持っているが、助教の亜澄は居室がなく、実験室の一角を仕切って、自分のコーナーとしている。

亜澄の実験室には3m×2mの大きな実験台が三台あり、その他に1・5m角の大テーブルが置いてある。学生は実験台の一部分を自分のコーナーとしてそこで実験する。実験ノートの記入は自分のコーナーや事務机で行うことが多いが、時には大テーブルに来て書くこともある。大テーブルにはポットや茶碗が置かれ、コーヒーやインスタントラーメンなども食べることができるようになっている。亜澄は自分の実験台に向かって反応の準備をしている。安息香は実験に取り掛かる前に、実験ノートに実験予定や試薬の量などを書きこんでいる。いつもの実験室の朝の風景である。

大テーブルでスマホをいじっていた学生が突然大きな声を出した。

「先生、大変です。大ニュースです！　下沢先生が亡くなったそうです」

「下沢先生って、城都大学の磁性超伝導体の下沢先生か？」

安息香も驚いた。

「どうしたの？　急に亡くなったなんて。交通事故？」

「いいえ、自殺だそうです」

これには亜澄も驚いた。

「なに、自殺？　どうやって？」

「縊死《いし》だそうです」


城都大学工学部は付属研究所として材料工学研究所をもっている。下沢克明は材料工学研究所、山里研の助教であった。教授は山里賢三であり、スタッフは助教の下沢だけという小さな研究室であった。

下沢は昨年の暮れに華々しい活躍をしたばかりだった。有機物でありながら超伝導性を示し、さらに磁石の性質まで持つという有機超伝導磁性体を発明したのである。有機物でありながら超伝導性を持つ有機超伝導体や、有機物でありながら磁石の性質を持つ有機磁性体はすでに開発されている。しかし、両方の性質を併せ持つ有機超伝導磁性体は夢の化合物として世界中の化学者が研究中のものだった。この研究成果はマスコミでも取り上げられ、山里、下沢、それと実験担当者の院生である住田の三人はテレビでも取り上げられて一躍時の人となった。

ニュースは世界中を駆け巡った。特に企業が放って置かなかった。山里は各種学会、大学は言うに及ばず、多くの企業から講演依頼を受け、精力的に公演して回った。下沢も優秀研究賞間違いなしとの下馬評が立っていた。その下沢が自殺したというのである。皆が驚くのも無理はなかった。

別の学生が口を挟んだ。

「でも、あの研究は、なんでも再現性がうまくいかないとかって噂ですよね。あの研究ではデータの捏造があったんではないかと言われているそうですよ」

その噂は亜澄も安息香も知らないわけではなかった。亜澄が顔をしかめて言った。

「もし、本当にそんなことがあったら大変だぞ。本人たちだけでなく、大学にとってもとんでもない不名誉な話だからな」

それから一週間後、城都大学が記者会見を開いた。下沢の自殺とデータ捏造に関する謝罪である。学長、工学部長と山里教授の三人が出席した。そこで、山里は、下沢は遺書を残しており、データ捏造の責任を取る旨の記載があったことを明らかにした。それを受けて、今回のデータ捏造は下沢が若いあまりに功を焦った結果であると説明した。山里は「若い下沢を適切に指導監督できなかった責任を痛感する」と言って頭を下げた。

結局、研究者としてやってはいけないことをやったのは下沢一人であり、院生の住田は下沢の指示に従って動いているうちに巻き込まれたものであり、教授の山里はそれを見抜けなかった監督責任を感じるという、甚だ生者に都合の良い幕引きとなって一連の件は落着した。

しかし、この結末に納得できない人がいた。下沢の教え子であり、恋人でもあった大石ゆかりである。ゆかりは卒論の1年間を下沢に直接指導を受けた。卒業して民間の会社に就職したが、下沢から熱心で真面目な教育を受けたことから信頼が生まれ、それが愛に育っていた。ゆかりには下沢の自殺は合点がいかなかった。下沢は研究が好きなまじめな男であった。決して人と争ったり、目立とうと功を焦るような男ではなかった。自殺の三日前にデートしたときにも明るく話していた。

＊1＊

亜澄と安息香は同じ私鉄で大学に通っている。そのため、通学で一緒になることもたまにある。今朝も一緒になった。大学に行く道すがら、安息香が変な話を切りだした。

「先生、この前、デパートでお買いものしていて偶然会ったんです。高校時代の先輩に。大石ゆかりさんていうんですけど、同じ美術部に入ってたんです。先輩は卒業すると城都大に進学して、山里研を出たんですって」

「エッ？　あの山里先生の所の卒業生ってことか？　で、どうした？　その先輩」

「4年で卒業して、今は企業で働いているんだそうです。学生時代は時折話をしたりしていたんですが、卒業してからは一緒に会うこともなかったんです。それが偶然に会ったんです。先生、ゆかりさん、下沢先生が好きだったんだそうですって」

「そうか。好きな人に自殺されたんでは、ゆかりさんも大変だな」

「でも、それだけでないんです」

「どういうことだ？」

「ゆかりさんは先生の自殺に納得がいかないと言うんです」

「それはそういうもんだ。残った人が、大切な人の自殺に納得できるわけはないからな」

「それが、それだけではないんです。あの遺書も納得できないって言うんです。ゆかりさんが一番気になるのは、データ捏造なんですよ。下沢先生って絶対にそんなことをするような人ではないと言うんですよ。絶対に何かの間違いだって」

「でも、もし下沢先生がデータを捏造したんでないとしたら、いったい誰が捏造したことになるんだ？　それに下沢先生はなぜ自殺をする必要があったんだ？　しかし、ゆかりさんの疑問も気になるな。友人に警察の男がいるから、後でちょっと聞いてみるか？」

「ほんとですか？　ありがとうございます。ゆかりさんも喜ぶと思います」

亜澄は友人の警察官、水銀《みずがね》隆に電話した。水銀は高校時代からの友人であり、一緒にラグビー部に属していた。現在は警察に勤務する刑事である。亜澄とは現在もときおり一緒にラグビーを見に行く間である。

「やあ、水銀、元気か？　チョット教えてもらいたいんだけどな」

「おお、亜澄か。どうした、教えてもらいたいことってのは？　化学のことはダメだぞ？」

「あたりまえだ。教えてもらいたいのはこの前のニュースのことなんだがな。例の、城都大学の助教の自殺の件だ」

「ああ、あの件か？　そういえば、あの助教、下沢っていったっけ？　オマエと同じような研究やってたな。あの自殺がどうかしたのか？」

「いや、あの自殺はほんとに自殺だったのかな？と思ったもんでな。オマエ、何か詳しいことを知ってないかなと思って電話したんだよ」

「なに、あれが自殺でないとでも言うのか？　オレも管轄外だから、あまり詳しいことは知らないけど、あれは完全な自殺だと思うな。当局はまったく疑っていないようだぞ。縊死による自殺で完全決着だな」

「そうか。他殺なんて可能性はまったくないんだな。たとえば、扼殺してから自殺に見せかけたとかってことはないんだよな」

「おいおい、こっちは本職だぞ。そんなことは最初っから疑ってかかるよ。しかし、今回はその可能性もないってことだ。所轄は、薬で眠らせてから縄に掛けたって可能性も疑ったようだけど、その可能性も否定された。解剖したが、そのような薬物も発見されなかった。あれは誰がどう見ても自殺だな」

「そうか、変な可能性はきちんと調査して消してあるわけだな。そうか、いやありがとう、助かった」

安息香は脇で心配そうに聞いていた。

「安息香、聞いた通りだ。他殺の可能性はないようだな」

「そうですね。殺人事件なんて、そんなに簡単に起こるわけないですよね。ありがとうございます。ゆかりさんに伝えておきます」


下沢の自殺に納得の行かないゆかりは、自分なりに調べてみたいと思った。下沢の両親に頼み、下沢の遺品のうち、研究に関係した部分を貸してもらうことにした。ゆかりは久しぶりに昔の研究室、山里研を訪ねた。下沢の実験ノートを見ようとしたが、実験室にはなかった。山里が自室で保管しているという。ゆかりのいたころには、実験ノートはすべて実験室においてあり、誰でも自由に見ることができた。ゆかりはシステムの変更を不審に思ったが、山里に実験ノートを見せてくれるように頼んだ。しかし、山里は断った。実験ノートは研究室の財産であり、研究室に属する者以外、どのような者にも見せるわけにはいかない、ときっぱり断られた。そのうえ、卒業生といえども、研究室を離れた者が研究室にみだりに入ってもらっては困ると言われた。用がないなら早く帰れ、と言わんばかりの態度であった。

あの発表会に出席した院生の住田は、ゆかりの同級生である。ゆかりは住田に、実験について尋ねた。しかし、住田はおどおどとして、なんとかその場を言い繕うとするだけであった。ゆかりには事の真相が見えた気がした。データ捏造は山里と住田が仕組んだものに違いない。

数日後、ゆかりはもう一度、山里を訪ね、真相をただした。その上で、下沢にデータ捏造の疑いが掛かっているのは納得できない。真相を明らかにしたい、そのためにあらゆる手を尽くしたいと言った。そのためには学会はもちろん、大学にも通告する。下沢の両親を巻き込んで下沢の名誉回復のための民事訴訟も起こすつもりだと言った。

＊2＊

亜澄が安息香に話しかけた。

「安息香、大変なことになったな。ゆかりさんまで自殺とは」

「ゆかりさん、下沢さんのことを調べていたんですよ。下沢さんのご両親も、事の真相をハッキリさせたいと思っている、なんて話していたんです」

「そうか、そんな矢先の自殺か？　これから、真相を明らかにしようと思っている人が自殺してしまうとは、なんか変な気がするな。水銀に聞いてみるか？　ゆかりさんの件は水銀の居る署の管轄のはずだから、ちょうどいいな」

「やあ、水銀、忙しいのに悪いな」

「いや、なに、今、ちょうど手が空いたところだ。どうした、何か用か？」

「チョット聞きたいことがあってな。大石ゆかりって女性の自殺のことなんだが」

「ああ、その件か？　じつは俺がその係りになってな。いま現場から戻ったとこなんだ」

「そうか、ちょうどよかったな。それでどうなんだ？　その自殺は？」

「風呂場で手首を切ってな。風呂場のタイルの上に座って左手首だけ風呂に入れて手首を切ったんだな。湯船が真っ赤になっていたよ。鑑識によると死亡時刻は昨夜の8時から8時半ということだな。で、それでどうした？　その自殺が何かしたってのか？」

今度は水銀が亜澄に聞いた。

「いや、ちょっと気になってな。というのは、この前のデータ捏造の件に絡んでなんだがな。今回自殺したゆかりさんは、前に自殺した下沢の恋人だったんだよ」

「ああ、そのことは警察も知っている。ゆかりは下沢のデータ捏造を不審に思って調べてたんだな。そして、変なことを見出したようなんだな。そこで、もっと詳しく調べてみると言っていた矢先の自殺らしいんだな」

「そうか、そこまで調べていたか。さすがだな」

「そういえばオマエ、前の下沢の自殺も気になるとかなんとか言ってたな。どうも、今回の自殺も慎重に調べた方がいいかもしれないな。こういう自殺の場合、睡眠薬を飲まされて、寝込んだところを自殺に偽装されるってことがあるからな。念のために血液検査などもしておくことにしよう」

「そうだな、それが賢明だな。しかしな水銀、もし俺が犯人だったら睡眠薬なんか使わないぞ。そんなものは血液中に残るからな。酒も同じだ。血液中に残らないで、相手を気絶させるものなんて化学実験室にはいくらでもあるからな」

「なんだ、そんな物騒なものは？」

「それはいつか教えてやる。それはそうと、今回の自殺は問題がありそうだぞ。関係者のアリバイなんかも押さえたんだろうな」

「ああ。関係者のアリバイは調べてある。教授の山里は夜間学部の試験で7時半から9時まで講義室に缶詰だった。住田も同じ時間帯に測定実験中だったことは目撃者の証言がある。7時半ごろと、9時ごろに測定室で住田を見た者がいるんだ。それに住田は運転できないんで、自動車で片道20分も掛かるゆかりのマンションに行くのは無理だ」

「そうか、それでは2人の犯行という線はないわけだな」

「ああ、そうだ。しかし、気になることはある」

「なんだ、それは?」

「山里が試験監督をした解答用紙を調べたところ、一枚から住田の指紋が出たんだよ」

「なんだって! それは決定的な証拠じゃないか! これで犯人は決まりだな」

みなさん、安息香です。亜澄先生は犯人がわかったと言っています。皆さんはいかがでしょうか? 次のトリック解明編で種明かしをしましょう。その前に、皆さんで考えてみてはいかがでしょうか?

トリック解明編

本事件では二つの事件が関連している。下沢の縊死自殺と、ゆかりの手首自切自殺である。それぞれについて考えてみよう。

ゆかりの自殺は偽装殺人である。犯人は山里である。

城都大学には夜間学部がある。夜間学部は夕方五時五十分に始まって、九十分の講義が一日二回、途中で十分の休憩時間を置いて続く。九時に終了である。夜間学部といっても、専任の教官がいるわけではない。各教官が数年おきに交代で夜間部の講義を行うのである。夜間学部の講義を担任する期間は、昼の部の講義を免除される仕組みである。山里は昨年から夜間部の授業を担当していた。

亜澄が不審を抱いたのは、山里がこの時期に試験を行ったことである。試験は学生にとっても大変であるが、教官にとっても大変である。問題を考えなければならないし、終わったら採点をしなければならない。あまりやりたいものではない。まして山里は下沢の問題を抱えて忙しい時期である。また、今は期末試験の時期でもない。このような時期に試験を行うのは、何か他の目的があるはずだ。亜澄はそう直感したのである。

この日、山里は夜間学部の試験を予定していた。試験時間は夜間学部の二限目、すなわち、七時半から九時である。山里はこの時間を利用してゆかりを殺害することを計画した。

山里は風邪をひいたことにしてオーバーを着込み、帽子をかぶり、マスクをして教壇に立った。試験問題を配り、必要事項を説明した後、「解答はじめ!」の号令をかけて、教室の後ろに移動した。新鮮な空気を吸うふりをして後ろの出口から外へ出た。ここで同じ服装をした住田と入れ替わった。七時四十分ごろだった。

山里は車で二十分のゆかりのマンションを訪ねた。ゆかりにはあらかじめ、下沢の実験の説明をして誤解を解きたいと電話してあった。ゆかりは山里を部屋に通した。テーブルを挟んでゆかりと対面した山里は驚いた。テーブルの上には山里の実験ノートが積んであったのだ。下沢は研究室の実験ノートの他に、自分専用の実験ノートを作っていたのだ。もしこれが警察の鑑識の、化学に詳しい者の目にでも留まったら、データのからくりがいっぺんにばれてしまう。ゆかりを消さなければならない。山里の殺意は決定した。

ゆかりがお茶を入れるために台所に立った。山里は持ってきたガラス製のビンに入ったエーテルをハンカチにしみこませた。ハンカチを持ってドアの陰に隠れ、ゆかりが戻るのを待った。ゆかりがお茶を持って入ってくるのを後ろから襲い、ハンカチを鼻に押し当てて抑えた。ゆかりはお茶を落とし、ハンカチを取り払おうと必死に抵抗したが、体力に違いがある上に、急に襲われ、抵抗にも限度があった。薄れゆく意識の中で山里の手を振り払おうとするのが精いっぱいであった。

山里はゆかりを風呂場に運び、左手を湯船に入れて台所の果物包丁で切り、その包丁をゆかりの右手に持たせた。湯船は赤く染まっていった。こぼれたお茶を掃除し、テーブルの上の実験ノートを持ってマンションを出た。八時二十分だった。教室へ戻り、住田と入れ替わった。九時に試験は終わった。すべては予定通りに進行した。

山里の盲点は、答案を試験時間中に提出して退出する学生の出現であった。今回の試験でも一人の学生が途中で退出した。彼は答案を「山里」に手渡して部屋を出た。しかし、その答案を実際に受け取ったのは山里に扮した「住田」だったのである。そのため、1枚の答案用紙に住田の指紋が付着して決定的な証拠になったのである。

しかし、それ以外にも逃れられない証拠があった。それはエーテルを嗅がされたからといって、人間はそんなに簡単に気絶するわけではない。今回もゆかりは必死にもがいて、犯人の手をひっかいていた。つまり、ゆかりの爪には山里の皮膚片が残っていたのである。DNA検査をすれば山里の犯行は一目瞭然である。

ゆかりの事件がエーテルを使っての偽装自殺となると、下沢の件も同様の手口であることが推定される。しかし、下沢の件は、すでに自殺として処理され、遺体もとうに荼毘に付されている。いまさら他殺を疑っても調べようがない。

しかし、ここにも突破口があった。鑑識が、現場に落ちていたハンカチを保管していたのだ。とはいっても、エーテルは沸点35℃の揮発性の物質である。ハンカチにしみこんだエーテルなど三十分も放置したら跡形もなく揮発してしまう。いまさらハンカチを調べてもエーテルが検出されるはずはない。鑑識も途方に暮れた。しかし、ここでも鋭い参考意見を出したのが亜澄であった。

山里の研究室は、普通のエーテルとはちょっと違ったエーテルを使っている可能性があるというのである。つまり、山里研は高分子の研究室である。高分子の合成にはツィーグラー・ナッタ触媒を中心として、触媒を用いることが多い。これらの触媒は金属を用いた金属触媒である。一般にはあまり知られていないが、多くの金属は水と反応する。中にはナトリウムのように水と爆発的に反応するものもある。マグネシウムのような金属が燃える金属火災では、消防は水を掛けることができない。加熱されたマグネシウムに水を掛けたら、マグネシウムは水と反応して水素ガスを発生し、それに火が着いて大爆発となるからである。

このような理由で、山里研では通常のエーテルに微量含まれる水分を徹底的に除いた、乾燥エーテルと呼ばれる特殊なエーテルを用いているのである。山里研ではこの乾燥エーテルを自分で作っていた。すなわち、普通のエーテルに乾燥剤を入れるのである。山里研ではカルシウムハイドライドという乾燥剤を用いていた。これは粉末である。したがって、これで乾燥したエーテルには微量のカルシウムハイドライドの粉末が混じる可能性がある。もちろん、カルシウムハイドライドは空気中に放置されれば空気中の水分と反応して水酸化カルシウム、いわゆる消石灰となる(反応式1、2)。

つまり、ハンカチに消石灰が付着していれば、そのハンカチは乾燥エーテルを吸着していた可能性があり、そのような特殊なエーテルを用いている山里研関係者に疑いの目が向くというわけである。

ただし、これだけでは直接的な証拠にはならない。「このカルシウムがうちの研究室のカルシウムハイドライドに由来するものだという証拠はあるのか?」と山里に反論される可能性がある。それに関しても亜澄は解決策を考えていた。

◉反応式1

$$CaH_2 + H_2O \longrightarrow CaO + 2H_2$$

酸化カルシウム（生石灰） → 酸化カルシウム（生石灰）

◉反応式2

$$CaO + H_2O \longrightarrow Ca(OH)_2$$

カルシウムハイドライド → 水酸化カルシウム（消石灰）

それは、カルシウムに含まれる不純物である。世の中に完全に純粋なものは存在しない。必ずいくらかの不純物が入っている。そして、その不純物の種類と量は製品によって違う。つまり、ハンカチの水酸化カルシウムに含まれる不純物と、山里研のカルシウムハイドライドに含まれる不純物を調べれば、両者が同じか違うかが明らかになる。

この調査を行う装置が、兵庫県の播磨科学公園都市にある大型放射光施設、スプリングエイトである。これは以前、和歌山ヒ素カレー事件で活躍した装置である。これで測定すれば、微量の不純物の種類と量が明らかになるのである。

1週間ほどして水銀から報告の電話が来た。ゆかりの爪から見つかった皮膚片のDNAは山里のものと一致した。ハンカチからもカルシウムが検出された。それを突き付けられた山里は一切を自白したという。すべて亜澄の推理の通りであった。下沢の自殺偽装も山里と住田の共犯だった。研究打ち合わせを口実に2人で下沢のマンションを訪ね、下沢の隙を狙って住田がエーテルを嗅がした。ぐったりした下沢を、縊死を装って殺したものだった。

化学解説編

【溶液の性質と有機溶媒の種類】

今回の事件では、エーテルが用いられた。エーテルは一般に溶媒と呼ばれ、化学実験室では極めてありふれた化学物質であり、どこの研究室にも置いてあるものである。今回は、この溶媒に関係した化学について見てみよう。

溶液

液体状態の混合物を溶液という。溶液を構成する物質のうち、溶かされるものを溶質、溶かすものを溶媒という。砂糖水なら、砂糖が溶質であり、水が溶媒である。溶質は固体、結晶とは限らない。酒類ではエタノール（液体）が溶質であり、炭酸水では二酸化炭素（気体）が溶質である。アルコール度数（アルコールの体積％）が50度を超える酒では水が溶質、アルコールが溶媒ということになる。

○溶解

物質には溶けあうものと溶けあわないものがある。塩や砂糖は水に溶けるが、バターは水に溶けない。一般に「似たものは似たものを溶かす」という格言があり、物性や分子構造が似たもの同士は溶けやすい。塩（塩化ナトリウム）は塩化物イオンCl^-という陰イオンと、ナトリウムイオンNa^+という陽イオンからできた物質である。一方、水はH-O-Hという構造であるが、水素Hは幾分H^+の性質を帯びて電気的に陽性であり、反対に酸素Oは幾分O^-の性質を帯びて電気的に陰性である。つまりイオン性を帯びた物質である。このように、塩と水は共にイオン性という共通の性質を持っているので溶けあうのである。

それに対して砂糖（スクロース）は有機物である。一般に有機物は無機物である水に溶けない。にもかかわらず、砂糖が水に溶けるのは、両者の分子構造に共通点があるからである。つまり砂糖の分子構造は下図に示したものであり、一分子内に8個のヒドロキシ基OHを持っている。

◉砂糖の分子構造

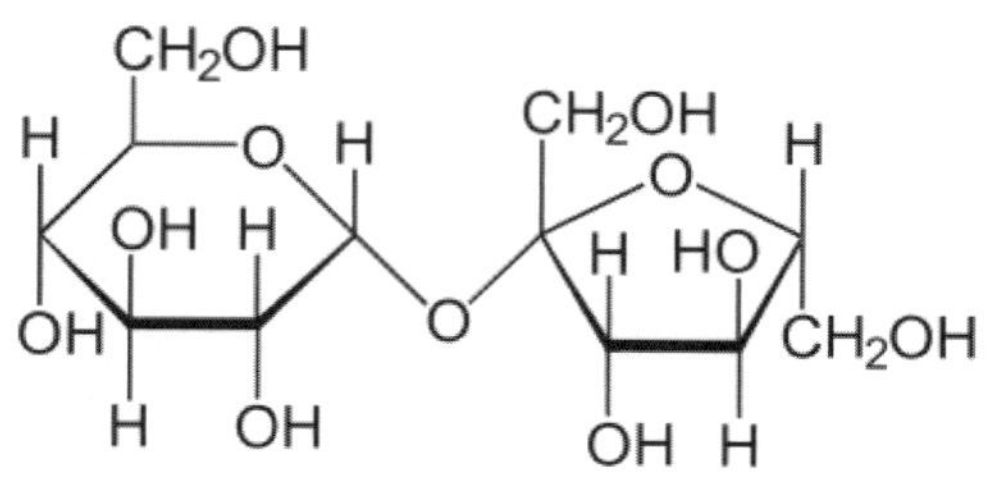

一方、水の分子構造はH-OHであり、ヒドロキシ基そのもののような構造である。そのために、砂糖は水に溶ける。それに対してバターは有機物であり、砂糖のようなヒドロキシ基を持たない。そのため、水に溶けないのである。

○溶媒和

溶質が溶媒に溶けることを溶解という。化学的に溶解状態というときには、溶質は一分子ずつバラバラになり、周りを多数個の溶媒分子で囲まれた状態をいう。溶媒が溶質を取り囲むことを溶媒和といい、溶媒が水の場合には特に水和という。

したがって、一般には小麦粉が水に溶けたというが、化学的にはこれは溶けたことにはならない。小麦粉が一分子ずつになっているわけではないし、水和しているわけでもない。これは単に小麦粉と水が混じっているだけである。

◉溶解状態

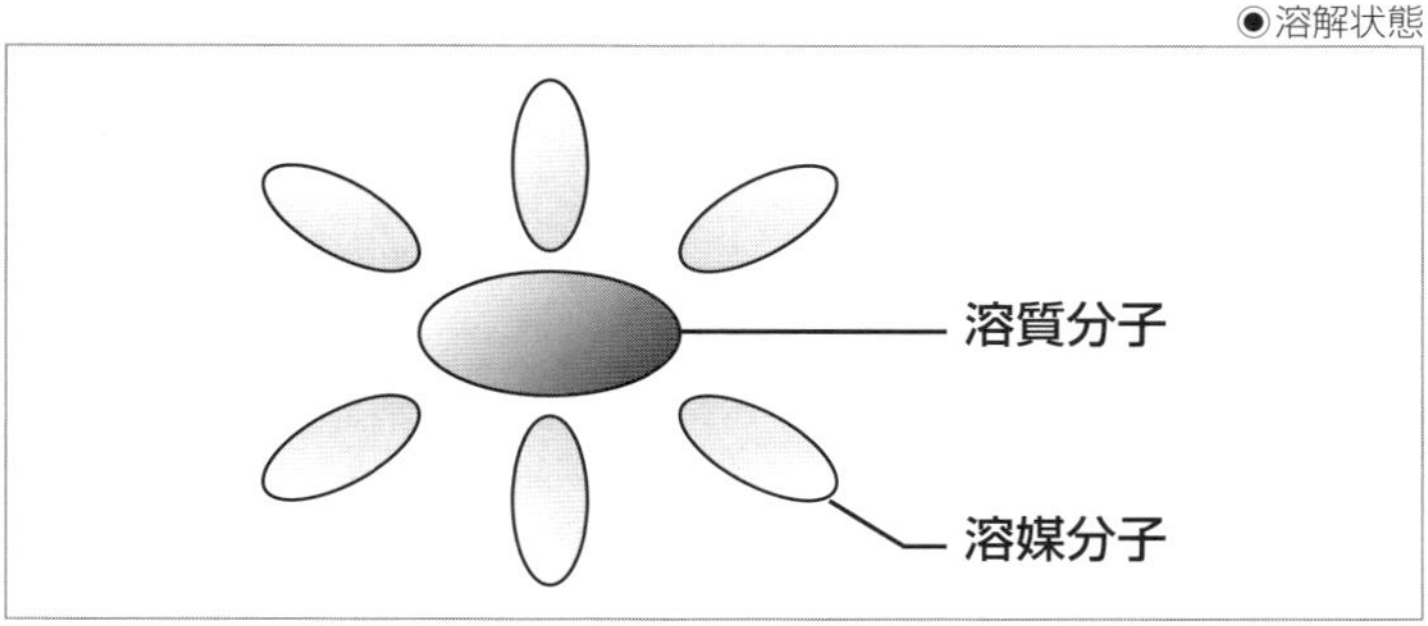

溶解度

溶質がどの程度、溶媒に溶けるかを表した指標を溶解度という。下図のグラフは結晶の水に対する溶解度の温度依存性を表したものである、一般に温度が上がると溶解度が上がることがわかる。しかし、塩化ナトリウムのように、ほとんど変化しないものもある。

左図のグラフは気体の水に対する溶解度を表したものである。固体の場合と反対に、温度が上がると溶解度が下がっている。金魚鉢の金魚が夏になると口を空気中に出して空気を吸っているのはこのためである。すなわち、水温が上がったせいで水中の溶存酸素量が少なくなり、呼吸が困難になったのである。のんびり見える景色も、金魚にとっては命がけなので

◉結晶の水に対する溶解度

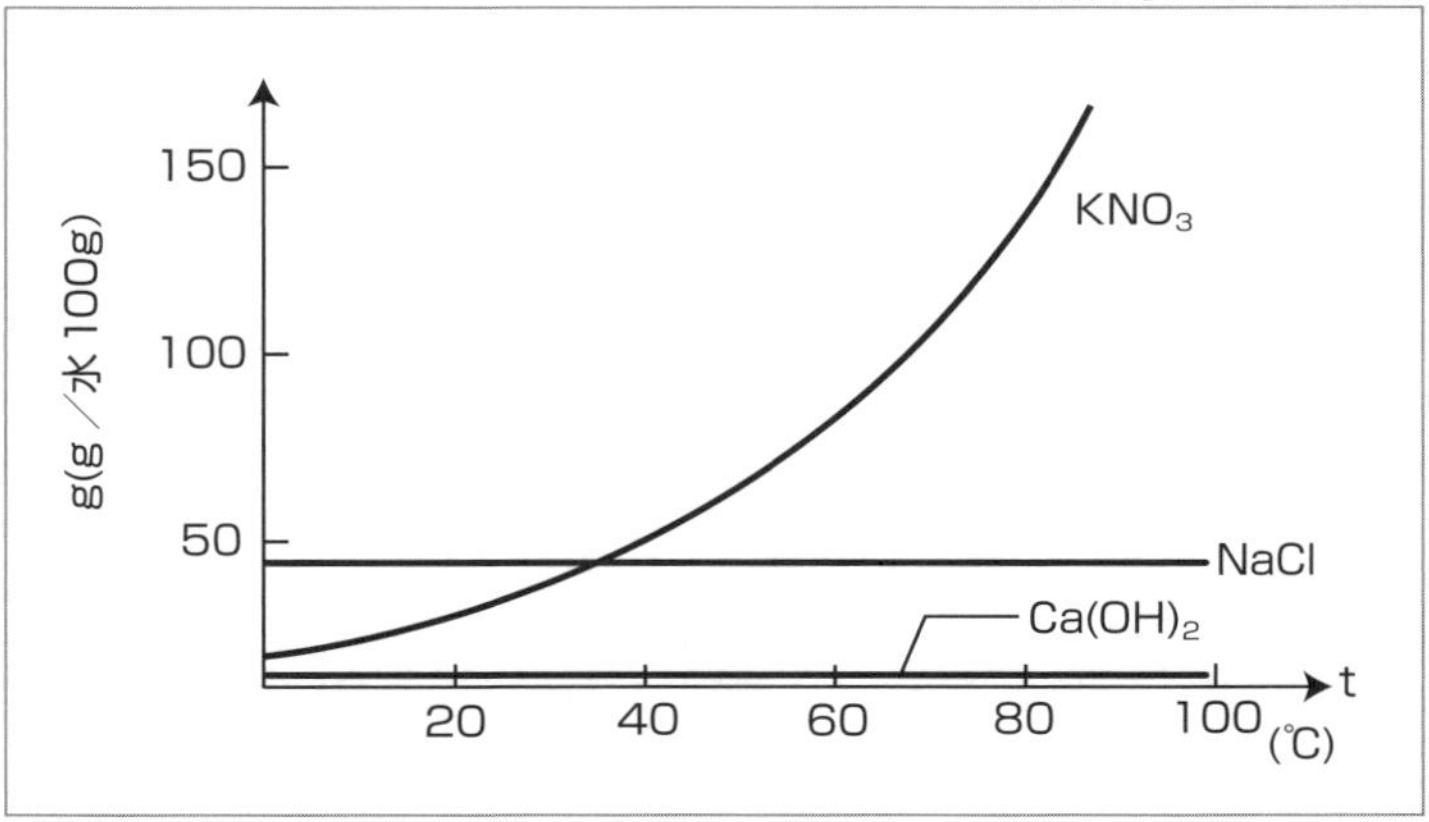

ある。夏の川や湖沼で魚の大量死が起こるのもこの原因によることが多い。

気体の溶解度は圧力に比例する。すなわち、圧力が2倍になれば、2倍の重さの気体が溶ける。炭酸飲料のビンのフタを開けると泡が出るのはこのせいである。すなわち、フタを開けたことによって瓶の中の圧力が下がり、それまで溶けていた二酸化炭素が溶けきれなくなって泡となって出てきたのである。

溶液の性質

溶液にはいろいろの特有の性質があるが、代表的なものを見てみよう。

○融点降下・沸点上昇

物質は定温では固体(結晶)であるが、温度が

◉気体の水に対する溶解度

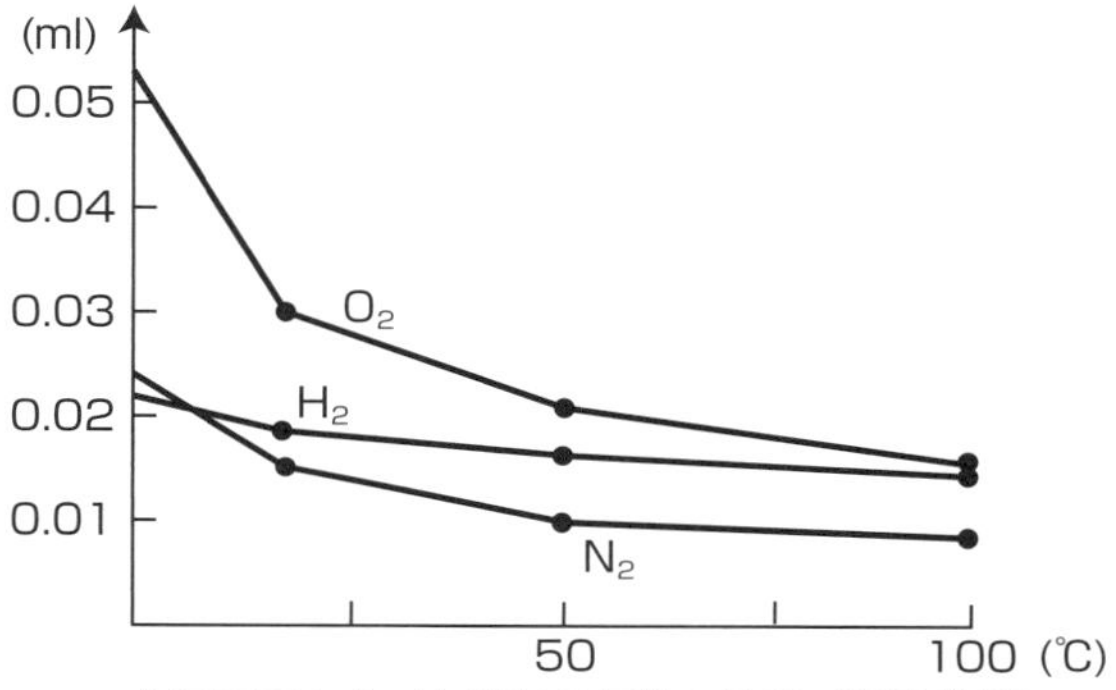

1気圧で水 1ml に溶ける気体の体積（標準状態）

上がると液体、気体に変化する。結晶が融けて液体になる温度を融点(mp)、液体が気体になる温度を沸点(bp)という。

溶媒に溶質を溶かした溶液の融点は、純粋溶媒の融点より低くなる。融点の下がり方の度合いは溶質の量による。量が多ければ融点降下も大きくなる。この現象を融点降下という。たとえば、水の融点は０℃である。しかし、これに溶質、たとえば塩を加えると、０℃では凍らなくなる。凍らせるためには０℃よりさらに低温にしなければならない。海水が０℃でも凍らず、ジュースが凍りにくいのはこの現象の一種である。

同様に溶液の沸点は純粋溶媒の沸点より高くなる。この現象を沸点上昇という。たとえば、沸騰している味噌汁の温度は水の沸点である１００℃より高い。昔から味噌汁で火傷すると重傷になるといわれるのはこのせいである。黄熱病の研究で有名な野口英世は味噌汁で火傷して不自由になった左手を手術で治してもらったことが契機となって医学を志したという。

○過飽和

飽和状態にある溶液を冷却すると、溶けきれなくなった溶質が固体や気体となって現れる。これを析出《せきしゅつ》という。しかし、一時的に析出せず、溶解度以上の溶質が溶け続けていることがある。これを過飽和状態という。この状態にある溶液に刺激を加えると溶質が一気に析出する。一番風呂に入ると全身の体毛に細かい泡が着くのはこの現象である。すなわち、沸かす前の冷たい水には大量の空気が溶けているが、沸かして高温になると気体の溶解度は下がり、風呂のお湯は空気で過飽和状態になっている。ここに人が入るとそれが刺激になり、人体の周りに空気の泡が生じるのである。

有機溶媒

一般に有機物は水に溶けない。有機物を溶かすには有機物の液体が必要である。このような液体を一般に有機溶媒という。有機溶媒の種類は大変に多い。主なものの性質を以下に記す。

○エタノール

ヒドロキシ基OHを持っている有機化合物を一般にアルコールという。よく知られているのはエタノールCH_3CH_2OHであるが、一般にアルコールという場合にはエタノールを指すことが多い。エタノールは有機物を溶かす力が強く、さらに水とも任意の割合で混じるので使いやすい溶媒であり、工業、研究、あらゆる場面で多用される溶媒である。しかし、酒の成分であることから酒税が掛かり、価格的に高価となる。そのため、エタノールに有害な不純物を混ぜて飲用に適さなくしたものを免税で販売するなどの方策がとられている。エタノールを工業的に作る場合には、エチレンに水を付加させて作る。このようにして作ったエタノールを工業エタノールといい、一方、穀物から発酵によって作ったエタノールを醸造アルコールとして区別することもある。いずれにしても化学的にはまったく同じものである。

○メタノール

メタノールCH_3OHは、化学的にはエタノールと良く似た物質である。しかし、生理的な影響は異なり、メタノールを誤って摂取すると視神経が害を受けて失明に至り、さらに進むと命を落とすことになる。しかし、酒税が掛からず、安価なので、インドやロシアでは酒に故意に混ぜて販売されることがあり、多数の人が命を失う事件が起きている。

○エーテル

一般に炭化水素原子団Rが2個、酸素に結合した化合物R-O-Rをエーテルという。最も良く知られ、多用されるのはジエチルエーテルCH_3CH_2-O-CH_2CH_3であることから、一般にエーテルというとジエチルエーテルを指すことが多い。

ジエチルエーテルは沸点が低くて揮発しやすく、かつ引火性、爆発性の強い非常に危険な溶媒である。しかし、有機物を溶かす力が強いことから、有用な溶媒として有機系の研究室では常備溶媒として、常に実験台の上に用意されていることが多い。

麻酔性があるので全身麻酔剤として用いられる。しかし、引火性などの危険性のため、日本で用いられることはないが、他国では現在も麻酔剤として用いられることがあるようである。

○酢酸エチル

食酢の成分である酢酸CH_3CO_2Hとエタノールの脱水反応から得られる物質であり、一般にサクエチと呼ばれることがある。有機物を溶かす力が強く、良い香りを持つので、かつてはシンナーの成分として多用された。ちなみにシンナーは英語のthinnerであり、thin、すなわち〝薄める物〟の意味であり、日本語で〝溶剤〟〝希薄剤〟といわれる。

シンナーはペンキやニスなどの有機物を薄めて塗りやすくするための希薄剤として用いることが多い。マニキュアなどの除光剤もシンナーの一種である。シンナーは化学的な名前ではなく、各種混合物の名前である。したがって、同じシンナーでも製造会社によって成分が異なる。かつてはシンナーの成分としてサクエチ、トルエンなどが含まれた。これらの成分は吸引すると覚醒作用が現れるため、若者が乱用してシンナー中毒が多発した。そのため、現在では少なくとも家庭用の希薄剤にはサクエチ、トルエンは含まれていない。

○アセトン

アセトン$(CH_3)_2C=O$は各種ある有機溶剤のうちでも、有機物を溶かす力の最も強いものである。また、水と任意の割合で混ざり、かつ価格も安価なため、実験室における反応容器の洗浄溶媒としても用いられる。市販の希薄剤の成分として用いられ、また、単独でも市販される。その一方、簡易型爆薬の原料になる危険性もある。

○クロロホルム

クロロホルム$CHCl_3$は水より重く、水に混じらず、また一般に〝甘い〟と表現される特異な匂いのある溶媒である。有機物を溶かす力は非常に強いが不燃性のため、使いやすい溶媒である。麻酔性を持つため、犯罪に利用されることのある溶媒である。匂いを嗅いだだけで気絶するというほど強力ではないが、19世紀にヴィクトリア女王が無痛分娩に利用したという歴史もある。

○ベンゼン

六角形の形をしていることから、年配の方は〝亀の甲〟と呼ぶことがあるようである。代表的な有機化合物の一種であり、同時に非常に重要な有機化合物である。有機物を溶かす力が強く、反応溶媒としても優れているため、研究用、工業用、両面で多用される溶媒である。一方、匂いが強く、発がん性を持つなど有害なため、できるだけ他の溶媒に置換する傾向が強い。

ベンゼン骨格を持つ化合物は一般に芳香族とよばれ、工業原料として欠かすことのできない重要物質群である。

○トルエン

ベンゼンにメチル基CH_3が結合した化合物であり、芳香族化合物の一種である。かつてシンナーの成分として多用されたが、覚醒作用などの有害性があるため、現在では家庭用のものには用いられていない。

主な有機溶媒

CH_3-CH_2-OH

エタノール（アルコール）

mp −114.3℃, bp 78.4℃

CH_3-OH

メタノール

mp −97℃, bp 64.7℃

$CH_3CH_2-O-CH_2CH_3$

ジエチルエーテル（エーテル）

mp −116℃, bp 35℃

$CH_3-\overset{O}{\overset{\|}{C}}-O-CH_3$

酢酸エチル（サクエチ）

mp −83.6℃, bp 77.1℃

$CH_3-\overset{O}{\overset{\|}{C}}-CH_3$

アセトン

mp −94℃, bp 56.5℃

$CHCl_3$

クロロホルム

mp −64℃, bp 61.2℃

ベンゼン

mp 5.5℃, bp 80.1℃

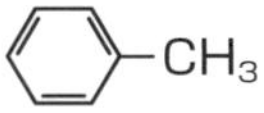

トルエン

mp −94.97℃, bp 110.63℃

実験器具の紹介

化学実験では非常に多くの種類の器具、測定機器を用いる。測定機器の多くは高度に電子化されたものであり、その能力の源はブラックボックス化されている。しかし、いくつかの実験用の電子、電気器具の中には原理的に単純であり、外観と用途が一致するものがある。

化学実験の実験器具としてすぐに思い出されるのは各種ガラス器具であろう。ガラス器具こそは化学実験を象徴するものである。その歴史は遠く錬金術の昔にさかのぼるものである、常に改良を重ねられ、現在もそれは同じである。また、ガラス器具の作製には職人の高度な技術によらなければ作られない物があり、その技術は日本が卓越しているといわれる。

本書ではこのようなガラス器具を主体とした、実験用器具の基礎的なものを、全編の主題に沿って説明していくことにしよう。本篇では、溶媒に関係したガラス器具を紹介しよう。

◉ロート

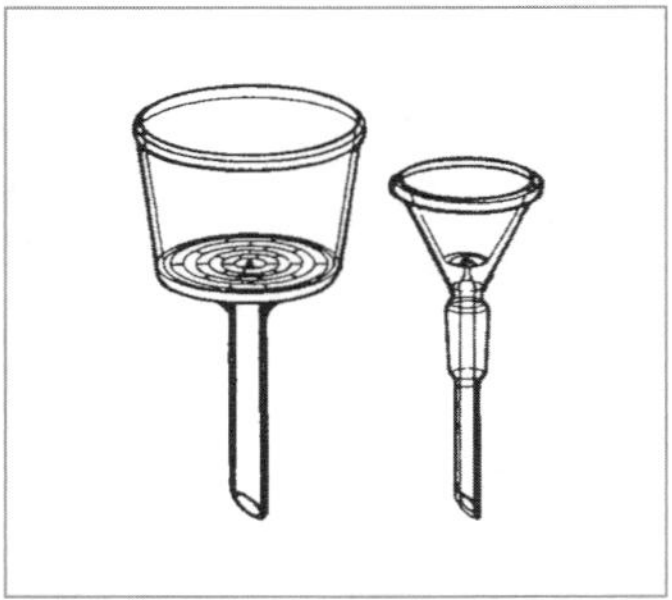

ろ紙を使ってろ過するための器具。中心に孔が1つとミゾの構成は桐山ロート独自のもの。

◉試薬ビン

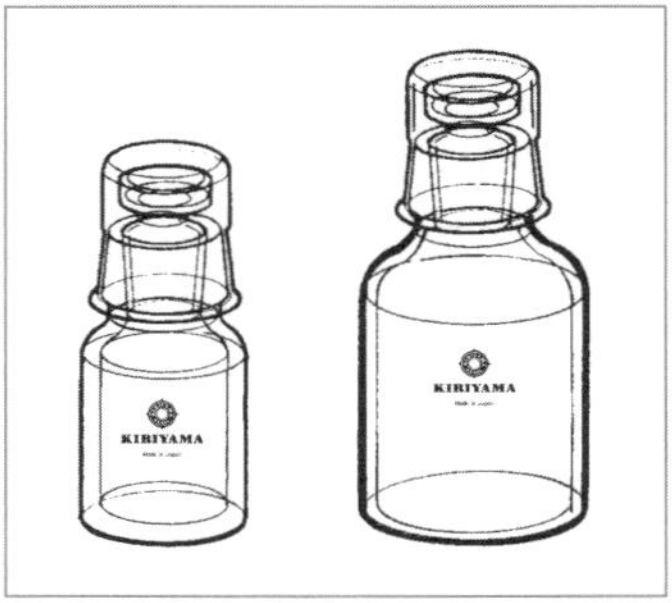

溶媒を入れるガラス瓶。通常、共栓《ともせん》付きで、大きさは100mL程度から1L程度まで各種ある。

フラスコ

液体の保管容器、化学反応を行うための反応容器など、多用途に使われる容器であり、用途に応じて多くの種類がある。

◉丸底フラスコ

球形の容器に円筒形の口が付いたもので、化学全般で広く用いられる。

◉三角フラスコ(エルレンマイヤーフラスコ)

三角錐形で安定性が良いため、液体の保管に幅広く用いられる。

◉ヘルツ型フラスコ

少量の蒸留と分留に広く用いられるフラスコ。用途に応じて二つ口、四つ口などもある。

◉三口フラスコ

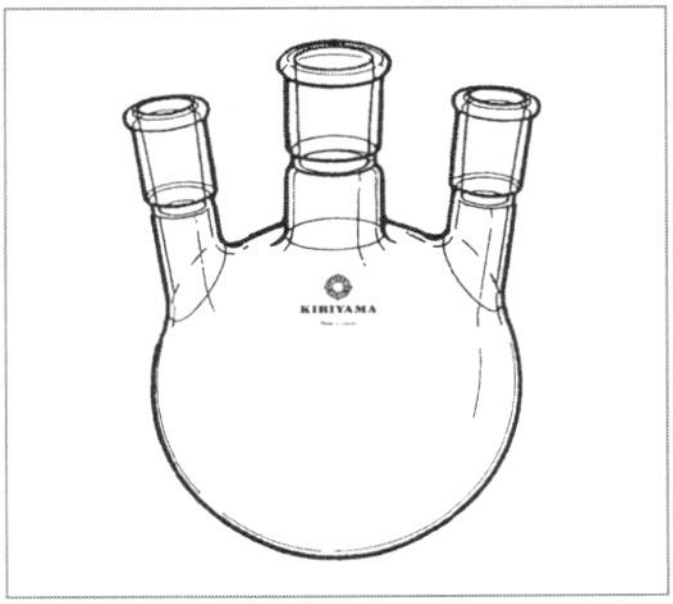

口が3個付いた丸底フラスコ。用途に応じて二つ口、四つ口などもある。反応容器として用いる。

◉ナス型フラスコ

ナス型のフラスコ。容器部分と口の間に段差がないため、内部の固体や粘稠物質《ねんちゅうぶっしつ》を取り出すのが容易である。また、内部の洗浄も容易である。そのため、有機化学で広く用いられる。

◉メスフラスコ

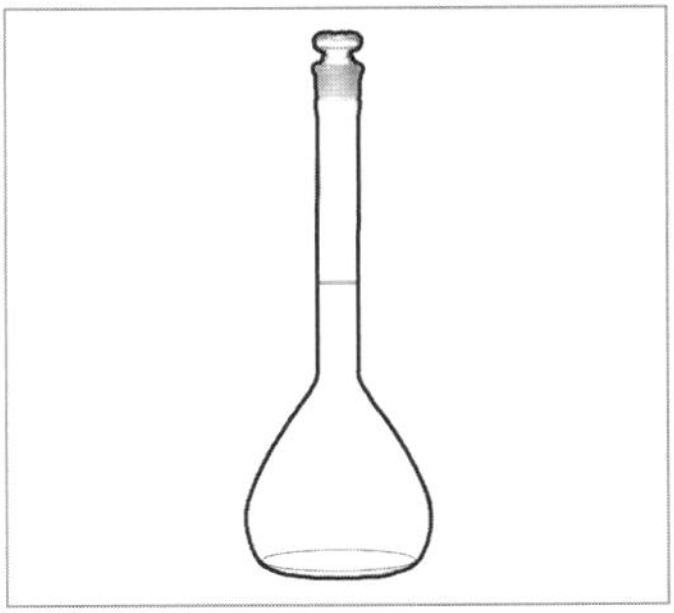

口の長い丸底フラスコ。首の部分に容量を表す印が付いたもので、この印まで液体を入れると表示の容量を測り取ることができる。正確な量の液体を計り取る場合に用いられる。

◉ピペット

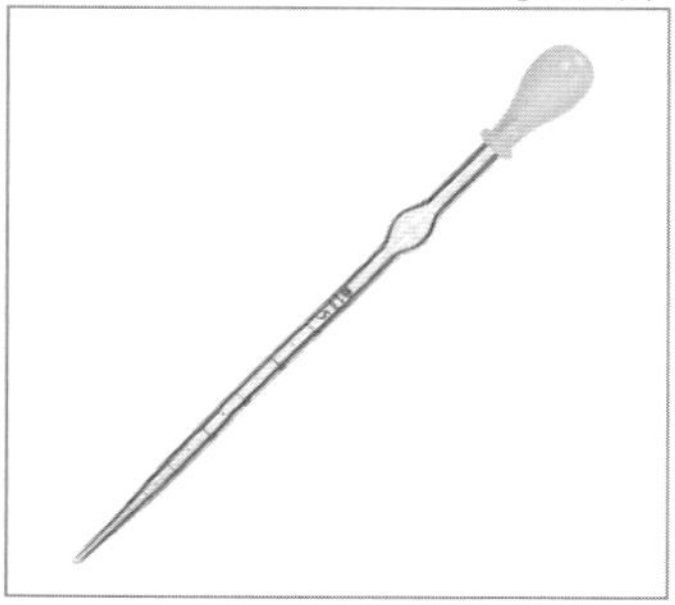

少量の液体を計り取るために用いる器具である。有機化学では途中に球形の液体溜まりの付いた駒込ピペットがよく用いられる。〝駒込〟と言う名前は東京の駒込（地名）にあったガラス製作会社が最初に作ったからだといわれる。

◉メスシリンダー

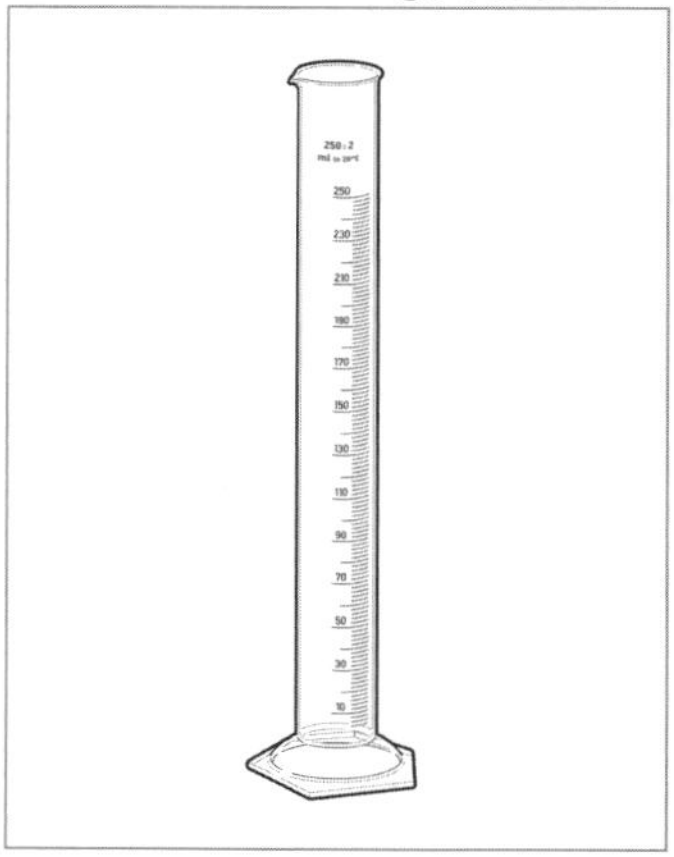

一定量の溶液を取り分けるための器具。しかし、その量は通常、正確ではない。正確な量を計り取る場合には、メスフラスコを用いる。

◉ジョイント

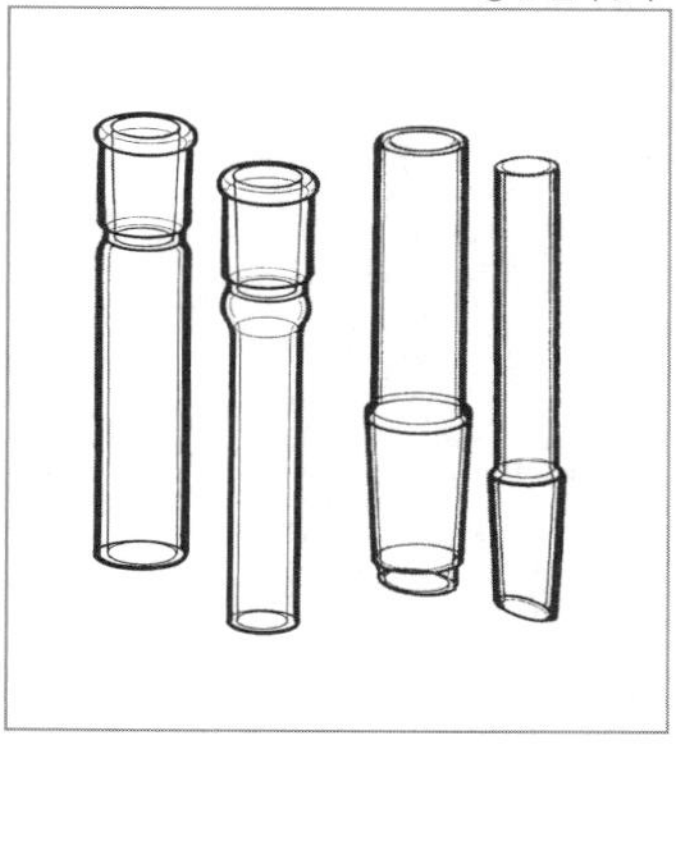

複雑な反応容器はいくつものガラス器具を組み合わせることによって作成する。そのため、反応容器に使われるガラス器具の接合部にはジョイントと呼ばれるものが付随している。ジョイントは直径、長さが正確に規格化されているので、同じ規格のジョイントを持つ器具を接合すれば、密になり、液体漏れや気体漏れは起こらない。

サイズの異なる接合部分を接合するためには専用のジョイントがあり、それを介入させることによってどのようなサイズの器具をも接合することができる。

第2話

若草色の殺意

～第2話　若草色の殺意～

「先生、私の生徒さん、生物にいるんですよ。由江っていうんですけど」
「なに？　安息香《あすか》の生徒さん？　安息香、学生だろ？　それが何で生徒を持ってるんだ？」
「家庭教師ですよ。私、学部学生のころ、家庭教師のアルバイトをしていたんです。そのときの生徒さんなんですよ」

二人の会話はいつもこんな調子である。女性は山田安息香。帝都大学工学部物質工学科の博士課程一年生である。園田研究室に所属している。男性は園田研の助教で亜澄《あずみ》錬太郎、三十三歳独身である。

大学は制度上、学部と大学院からできている。学部は四年間であり、そこを卒業すると、希望者は入学試験を受けて大学院に進学する。大学院は博士前期課程二年間と、博士後期課程三年間の二段構えになっている。博士前期課程は修士課程、後期過程は博士課程とも呼ばれる。まず、前期課程を修了し、修士論文が審査に合格すると修士（マスター）の学位を授与される。前期課程を修了してさらに後期過程に進学し、博士論文が審査に合格すると博士（ドクター）の学位が授与される。安息香は博士課程一年であるから、大学院三年目である。

工学部では学部最終学年の四年生になると、研究室に配属になり、その研究室でスタッフの教授、准教授、助教の教育を受ける。そして大学院に進学すると、多くの学生はその後もその研究室に籍を置くことが多い。安息香もそうである。したがって、安息香は園田研究室に、学部一年間、そして大学院に進学して三年目、すなわち、園田研究室に所属して四年目、ということになる。

助教の亜澄は学生の面倒を見ると同時に、自分の研究をも行わなければならない。学生と同じように実験台に向かい、実験を行っている、学生はそれを見ることによって実験のテクニックを覚える。昔の徒弟制度を思わせるところがある。化学は大昔の錬金術のころから、このような方法によって研究と教育を行ってきたのである。

今日の亜澄は再結晶の最中であった。再結晶というのは、不純物の混じった結晶を高温の溶媒に溶か

し、その後、冷却することによって析出した高純度の結晶を得る操作をいう。化学の基本的なテクニックの一つである。再結晶は神経を使う操作であるが、安息香はそんなことはお構いなしに亜澄に話しかける。亜澄もベテランの研究者であり、安息香に話しかけられた程度で動揺などしない。


「なるほど、そういうことか。安息香はいろんなところに友達が居るんだな。生物にいるってのは、生物学科の学生ってことだな。で、それがどうかしたのか？」

「そうなんです。城南大学の理学部生物学科です。ところが由江の研究室の先生、最近具合がよくないんだそうです」

「でも病気なんて、いわばよくあることなんでないか？　別に気にすることでもないだろ。そのうち元気になるよ」

「ええそうなんですけどね。これまでとっても元気で病気知らずの先生だったんですって。それがここ二週間ほど、急に元気がなくなって、先週は一日おきに休んだんですって」

「なぜきちんと休んで治療しないのかな？　第一、何という病気なんだ？」

「病院には行ってるんですけど、はっきりした診断が出ないんだそうです」

「それは不思議な話だな。休まなければならないような具合なのに、病名がわからないなんてね。結局、病気ではなく、疲れ過ぎってことかな？」

城南大学は、亜澄たちのいる帝都大学とキャンパスを接した大学である。そのため、二つの大学は姉妹大学といわれることもある。城南大学理学部生物学科の木下克彦教授は、最近体調が思わしくなかった。五十五歳の今日まで、風邪以外で内科の医者に掛かったことがないのを自慢にしていた。それが、ここ一週間ほど、急に具合が悪くなった。体がだるく、めまいがするような気がする。視力も落ちたように思うが、これは老眼のせいかもしれない。それに、足がジンジンする。年なので血圧でも上がったせいかと思い、病院へ行ったが血圧は問題ないという。はっきりした病気でもないという。疲れだろうから、無理をしないで休養を取るようにと言われるだけである。

二週間もすると、疲れた感覚は余計ひどくなってきた。脚のジンジンする感覚も強くなってきた。ときおり吐き気がし、髪まで抜けがちになってきた。それに平衡感覚がおかしいようで、歩くとふらつく。小脳に異常があるのかもしれないということで緊急入院した。しかし、ＭＲＩを計ったが、脳に異常はなかった。

入院して三日目、容態が急変した。そのまま、あっと言う間に亡くなった。異常を訴えてから三週間も経たなかった。

主治医の砂田達也は容態の急変に驚いていた。木下の症状は砂田が経験したことのないものだった。めまいがするというが血圧は正常であり、平衡感覚がおかしいというがＭＲＩに異常は見つからない。しかし、症状は進んでいく。砂田は木下の精密な血液検査を依頼し、その結果を待って対処を考えようとしていたのだが、その矢先の急逝だった。

砂田は、前に似た話を聞いたことがあったような気がした。木下の死を目の前にして懸命に思い出そうとした。そうだ、アガサクリスティの小説〝蒼い馬〟だ。砂田はやっと思い出した。高校生のころに読んだ推理小説だった。本棚を引っ掻き回し、表紙の黄色くなった本を見つけ出した。問題の箇所をうろ覚えでめくった。

あった。タリウム中毒だった。倦怠感、吐き気、抜け毛、脚のジンジン感。すべては小説にある症状とそっくりである。砂田は木下の遺族に話して木下を解剖させてもらった。案の定、重金属が発見された。タリウムだった。致死量のタリウムを飲めば、平衡感覚が麻痺し、やがて全身倦怠、脱毛、死と進行する。

＊１＊

「先生、今朝の新聞見ました？」

「ああ、見たよ。大変なことになったな。木下先生って、この前、安息香の話していた生物の先生だな?」

「そうなんですよ。タリウムによる毒殺だったなんて。先生は推理小説ファンだから、毒に詳しいんでしょ? それに化学者だから毒には慣れてるでしょ?」

「毒に慣れてるってのは変だが、毒を扱うことはあるな。それは安息香だって同じだよ」

「エーッ、ウッソー、私、毒物なんていじったことありませんよ」

「それは不勉強だな。毒物は意外と身の回りにあるんだ。何気なく使ってるけどな」

「エーッ? 私も知らないうちに毒物を使ってたんですか?」

「あたりまえだ。なんだ、知らないで使ってたのか? 恐ろしい話だな。さっき温度計を使っただろう。その中に何が入ってる?」

「アッ、そうか、水銀《すいぎん》ですね」

「そうだろ。水銀は何だ? 立派な毒物だぞ。ドーダ、毒物は直ぐ身の回りにあるんだ」

「なるほど、うっかりしてるけど、毒物って思わないところにあるんですね」

「そうだ。だから、厳重に保管することが大切になるんだ。毒物の保管が大変なことは知ってるだろ?」

「ええ、知ってます。それで亜澄先生が大変なんですよね。毒物の管理責任者だから」

「そうだよ。毒物はすべて鍵のかかるスチール製の薬品庫に保管しなければならない。そして、赤地に白抜きで医薬用外毒物って書いたシールを貼ることが義務づけられてるんだ。そして、毒物は〝取り扱い帳簿〟というノートを作って、使うごとに使った量と、現在の残り量を書いておかなければならないんだ」

「家計簿みたいですね。もし、帳簿の残り量と実際の量が食い違っていたら大変ですね」

「そんな恐ろしいことを考えてはいけない。もしそんなことが起こったら。ボクだけでなく教授の園田先生まで責任を取らなければならないことになるからな」

「今度の毒物はタリウムですよね。うちにもタリウムはありますか?」

「いや、うちの研究室ではタリウムは使わないから置いてない」

「よかった」

「よかったってのも変だけど、タリウムは細菌の培地の消毒などに使うので、生物系の研究室でよく使うようだな」

「エーッ?　木下先生は生物でしたよね」

＊2＊

年ごとに高まる大学進学率は、良いにつけ悪いにつけ、多種多様な若者が大学へ進学することを意味する。大学に入ったはいいが、授業についていけない。ついていけないなどというのはまだましな方で、最初っからついていく気のない学生が増えている。やる気のない学生にいつまでも大学に居られたのでは、次に入る学生に悪影響が及ぶ。早いとこ大学から出ていってもらった方が被害が少ない。ということで、大学も単位を出すのが目的のような試験を行って、体よく追い払う。この結果、どうにか卒業はしたものの社会に飛び出す能力も気力もない。ないない尽くしで1年延ばしにプータローを続ける、という若者が増える。

大学全入に近いような状況に加えて、ゆとり教育とやらのおかげで、大学の教育レベルは落ちている。一方、企業の研究水準は高くなっている。ということで、現在理工系では大学四年を終えただけでは、企業の要求する学力水準の学生を育てることは困難になっている。その結果、大学院に進学する学生が増え、現在の理工系では学部四年に加えて大学院修士課程の二年を加えた実質六年制の状況になりつつある。この結果、卒業も就職もする気力のない学生は一年延ばしにぬるま湯に浸る、ということで大学院に進学してくる。

城南大学理学部生物学科の木下教授は困った問題を抱えていた。修士二年の横山猛がおかしいのである。修士二年といっても、一年留年しているので実際には三年目である。四年の卒研配属で来たころの横山はなかなか研究熱心な学生だった。

おかしくなったのは修士二年になったころである。研究室に出てこなくなった。生物学科は実験系である。実験室に出て実験しなければデータは出ない。データが出なければ修士論文を書けない。論文が書けなければ卒業できないということになる。研究室の学生に聞けば横山は誰とも打ち解けないという。研究室に出てきても、一人で実験らしいことをして一人で論文を読んでいるだけだという。

家に電話すれば、その後、二、三日は出てくる。しかし、続かない。出てきてもゼミに顔を出すくらいで、当然データらしいものは何もない。これでは修士論文を書こうにも材料がない。木下は横山に、このままでは卒業はできないよ、と警告を出した。本人も納得しているようで、就職活動もしない。事態は改善されないまま、三月を迎え、横山は三年目の修士時代を迎えたというわけである。

その横山が最近、被害者意識を高ぶらせてきた。本人に言わせれば、横山が研究室に来れなくなったのは研究室の学生にいじめられたからだというのである。なぜいじめられたかといえば、研究成果が上がらなかったからだという。なぜ上がらなかったかといえば、それは木下の指導が悪いからだ、ということになる。誠に都合のいい三段論法だが、本人は頑なに信じているから始末が悪い。研究室の学生はいじめてなどいない。実験もしないで殻に閉じこもっている横山を相手にしないだけである。

ところが、最近では横山の家族までが横山の言葉を信じているようだという。横山は学生課の学生相談室に相談に行っては木下の悪口を言いふらす。ということで、木下も持て余していた。学生課も心配して木下に相談に来る。それによれば、横山は最近では木下を裁判に訴えるというような話までするという。

そんな矢先の木下の事件であった。

＊3＊

亜澄の研究室に、安息香の後輩の由江が訪ねて来た。安息香と一緒に帰りたいという。安息香が居合わせた亜澄に紹介した。

「この前お話した由江です。あの木下研の」

「そうか、安息香に聞いたよ。大変だったね。木下先生が亡くなったんだそうだね」

「はい、それで大変なんですけど、今日また大変なことが起きて」

「なに。また、大変なこと？　なに？　その大変なことってのは？」

「研究室の学生さんが殺されたんです」

「なに、学生さんが殺されたって？　君の研究室の？」

「ええ、そうなんです。それで、一人で帰るのが怖くて、安息香さんと一緒に帰ろうと思って迎えにきたんです」

「そうか。それはほんとに大変なことだ。君の気持ちはよくわかる。安息香が役に立つかどうかはわからないけど、一緒に帰るのはいいことだと思うよ」

「先生、それはどういうことですか？　私だって、由江の助けくらいにはなりますよー だ！」

「そうか、それは失礼ごめんなすって。それで、その殺されたって学生さんの名前は？」

「横山さんっていいます」

「その横山さんって、由江の一年上のM２（修士課程二年）の院生でしょ。前に聞いたことがある。由江、ショックよね」

由江をいたわるように安息香が言った。

「ええ、そうなんです。大学の近くの公園で遺体が見つかったそうなんです。私の通学路の近くなんです。それで安息香さんと一緒に帰ろうと思って来たんです」

「由江さんは親しかったの？　その殺された学生さんと？」

亜澄が聞いた。

「いえ、私もあまり会ったことがないんです。昨年はそれでもたまには研究室で顔を見ることがあったんですけど、今年に入ってからはほとんど会ったことがありません。最近は学校に出てきていないんです」

「それはおかしいね。横山君って修士二年だろ？　それが研究室に出て来ないんでは実験もできないわけだから修士論文の書きようがないよね。それでは卒業できないだろ？」

「木下先生もそれを心配なさっていました。本当は今年の三月に卒業しているはずだったんですけど。留年したってわけです」

「当然そうなるな。今年になっても学校に来ないんでは、今年の卒業だって怪しいな。詳しいことはどうなってるのかな？　ボクの友人が警察にいるから聞いてみようか？」

「あの水銀《みずがね》さんですね。そうしていただけたらありがたいですね。由江もそうでしょ？」

「ええ、ぜひお願いします」

＊4＊

「おお、亜澄か？　今朝の話か？　城南大学の院生が殺された事件。大変だな、大学も」

「いや、まったくそうだな。教授がタリウムで殺されたと思ったら今度はそこの学生が殺されたって話だろ？　それで、今朝の学生の事件だけど、どうなってんだ？」

「それはな、今朝の六時ごろだよ。警察に第一報が入ったのは。場所は城南大学近くの花之木公園。早速、管轄の警察が行ってみると若い男が頭から血を流して倒れていた。その時点で死亡していたそうだよ。現場に血のついた石が転がっていたということだから、それで殴られたものだろうと思われる。解剖の結果もそうだな。鈍器で強打されたことによる後頭部陥没骨折が原因ってことだよ」

「なにか犯人の遺留品はないのか？」

「犯人の遺留品かどうかは断定できないが。現場にハンカチが落ちていたな」

「ハンカチか？　ありふれたものだな」

「そうなんだが、そのハンカチに白い粉がついていてな。それがちょっと気になるんで、鑑識にまわしてある。そろそろ結果が出ると思うんだが」

「なに！　白い粉？　それは気になるな。鑑識の結果を教えてもらえないかな」

「ああ、秘密を要するようなことでなければ教えてもいいよ」

二時間ほどして電話が入った。

「おお、亜澄、鑑識の結果が出たぞ」

「そうか、デンプンだったな？」

「なんだわかってたのか？」

「そうだと思ったが、念のために鑑識の結果を待っていたんだ。デンプンとわかったからには、犯人は決まりだ！」

「なに、犯人が決まったって⁉　誰だ？　それは！　とっ捕まえてやる！」

みなさん、安息香です。亜澄先生は犯人がわかったと言ってますが、これだけのデータで犯人がわかるものでしょうか？次のトリック解明編で種明かしをしましょう。でも、その前に、皆さんもご自分で考えてみてはいかがでしょうか？

トリック解明編

本事件では、二件の殺人事件が起こっている。一見、無関係に見えるが、実は第二の事件は第一の事件の結果として起こっているのである。順を追って見ていこう。

木下の死因は主治医砂田の努力によって、有毒重金属タリウムによる中毒であることが明らかになった。

タリウムは金属であるが、化合物として酢酸タリウム、硫酸タリウムなどがあり、これらは毒物であるが市販されている。二十歳以上で身分証明書と印鑑があれば購入可能である。もちろん、研究施設で研究用に必要となれば購入することは可能である。特に酢酸タリウムは生物、医薬系の研究室で細菌の培養を行う際の培地の消毒剤として一般的なものである。

木下の死因がタリウム中毒と明らかになったとき、木下の研究室に助教として勤めている山村の頭に響くものがあった。横山に違いない！

生物系研究室である木下研では、酢酸タリウムは必需品である。しかし、酢酸タリウムは毒物なので厳重な管理下にある。そしてその管理の責任者が山村なのである。しかし、正直、山村は酢酸タリウムの使用はある程度、学生の自由使用に任せていた。それが研究室における今までの慣習だったし、あまり管理が細かいと実験に遅滞を及ぼすと思ったからである。

横山は、管理の甘いことをいいことにして、この酢酸タリウムを薬品庫から持ち出して木下のお茶にでも入れたのだろう。使用帳簿を確認したところ、現在量23ｇのはずのところが

18gしかなかった。5gの不足である。酢酸タリウムの致死量は成人で1gといわれる。5gあれば五人も殺すことができることになる。青酸カリウムの致死量が0・2gであるから、その五分の一の毒性である。猛毒といえるだろう。山村は責任を恐れて足が震えた。

持ち出したのは誰だ？　山村には横山しか思い出せなかった。アイツだ。アイツがコッソリと持ち出して、木下に飲ませたのに違いない。とは思っても証拠はない。それどころか、もし誰かが酢酸タリウムをこっそり持ちだして木下を殺したのが事実だとしたら。その管理責任者である山村自身はどうなるのか？　山村は誰にも言えない不安を抱えて、眠れない日を過ごした。

◉酢酸タリウム

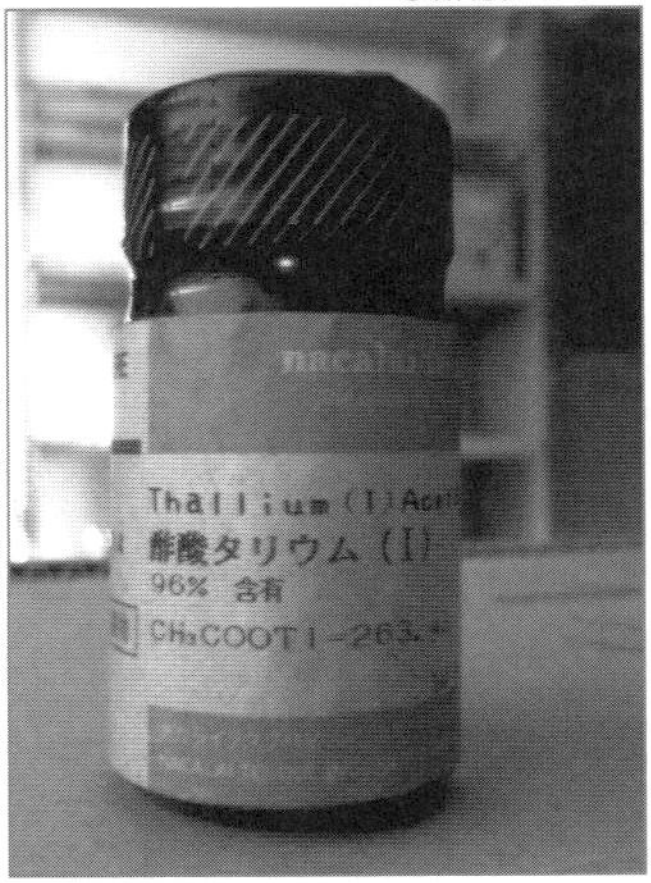

亜澄が犯人を直接、明らかにしたのはこの事件である。直接の証拠はもちろん、ハンカチに付着した白い粉、すなわちデンプンである。一般人のハンカチにデンプンが白い粉として付着するなどということは通常はない。デンプンが付着するというのは、普段、日常的にデンプンに接する者に限られ、その1つに細菌培養を行う生物、医学系研究者がいる。

すなわち、生物系の実験手段として重要なのな微生物の繁殖であり、その繁殖の舞台になるのが培地といわれるものである。そして、この培地の主成分がデンプンなのである。つまり、衣服にデンプンが付着していたということは、犯人が〝生物・医薬系の研究者〟であることを疑わせるかなり有力な証拠と考えることができるのである。

しかも、第一の事件が生物・医薬系毒物ともいえるタリウムによって引き起こされた。その上、この第二の事件も生物・医薬系に関係あるとしたら、両方の事件に関係したのは生物・医薬系の研究者でないと考える方がおかしい。

亜澄の脳裏に響いたのは、その先の問題、すなわちタリウムは誰が、どこから入手したのかということであった。どこからというなら、木下研と考えるのが自然であろう。では誰が持ち出したのか？　いろいろの事情を考えれば横山というのは容易に推察できる。

問題は、横山を撲殺した犯人、そしてその動機、ということになる。この問題の解明には、亜澄の実感が伴っていた。つまり、木下研の毒物管理の責任者である。毒物保管庫から毒物が持ち出され、それが殺人事件に使われたとなったら、管理人にとっては言い開きのできない失態である。殺された横山が毒物のタリウムを持ち出したのだとしたら、その横山を殺したのは誰か？　管理責任者の山村の可能性が高い。亜澄はそのように考えた。

この日、山村は研究室からの帰りしな、久々に登校した横山に公園で出会った。山村は横山に詰問した。ところが横山は開き直った。

「オレが殺したという証拠はあるのか？　もしオレが犯人なら、タリウムはどこから持ち出したことになる？　オマエの管理している毒物保管庫しかないだろう。お前の管理がいい加減だから、俺が持ち出すことができたんだ。オマエの管理責任はどうなるのだ？　オレを訴えれるものなら訴えてみろ。オレも捕まるだろうが、オマエも助教をクビになるぞ。ザマー見ろ」

山村はカッとなって我を忘れた。勝ち誇ったように立ち去る横山を追って石を振り下ろした。横山は声もなく倒れた。山村は横山のポケットから財布を抜き取り、強盗を装った。しかし、そのとき、自分のポケットからハンカチが落ちたことには気付かなかった。

数日後、水銀から電話が来た。それによると、ハンカチに着いたDNAを調べたところ、山村のものと一致したとのことであり、山村は一切を自供したとのことであった。

一人の無能な変人ともいうべき横山のせいで、あたら一生を棒に振った山村こそが被害者とでもいうべき事件だったのかもしれない。しかし、山村も、自らの管理不十分を隠そうとせず、警察に一部始終を打ちあけていたら、このような結末は迎えずに済んだに違いない。理工学系に身を置く者にありがちな見識、料簡の狭さが導いた事件とでもいえばよいのだろうか。

【タリウムと金属全体の性質】

今回の事件ではタリウムが毒物として用いられた。タリウムは２００５年に静岡県で起こった女子高生の母親殺人未遂事件、２０１５年に愛知県で明らかになった女子大生の仙台における傷害事件などで用いられ、マスコミをにぎわしている毒物である。

タリウムは金属である。そこでここでは、タリウムの性質と金属全体の性質、およびそれら全体を含む元素について見てみることにしよう。

タリウム

タリウム（元素記号Tl）は金属の一種である。しかし、毒物として用いられるのはタリウムそのものではなく、酢酸タリウムや硫酸タリウムなどの化合物である。

○元素としての性質

タリウムは銀白色である。金属には外見上、いろいろな色彩のものがあるが、それは表面が酸化されたせいであり、内部は銀白色であることが多い。タリウムも酸化されやすいので石油中に保存する。

特色は軟らかいことであり、鉛と同様にナイフで切ることができる。融点が低いことも特色の1つであり、304℃である。これはスズ（融点232℃）や鉛（327℃）と同程度であり、鉄（1538℃）や銅（1085℃）、金（1064℃）などの一般的な金属に比べてそうとう融けやすい金属であることがわかる。

比重は大きく、11・85である。これは鉄（7・9）や銅（8・9）より大きく、鉛（11・3）や水銀（13・5、融点マイナス39℃）と同程度であるが、金（19・3）や、全元素中最大クラスである白金「プラチナ」（21・5、融点1768℃）よりは小さい。

○発見・用途

タリウムが発見されたのは1861年であり、発見したのは電子線の発見などで有名なイギリ

◉タリウムの保存

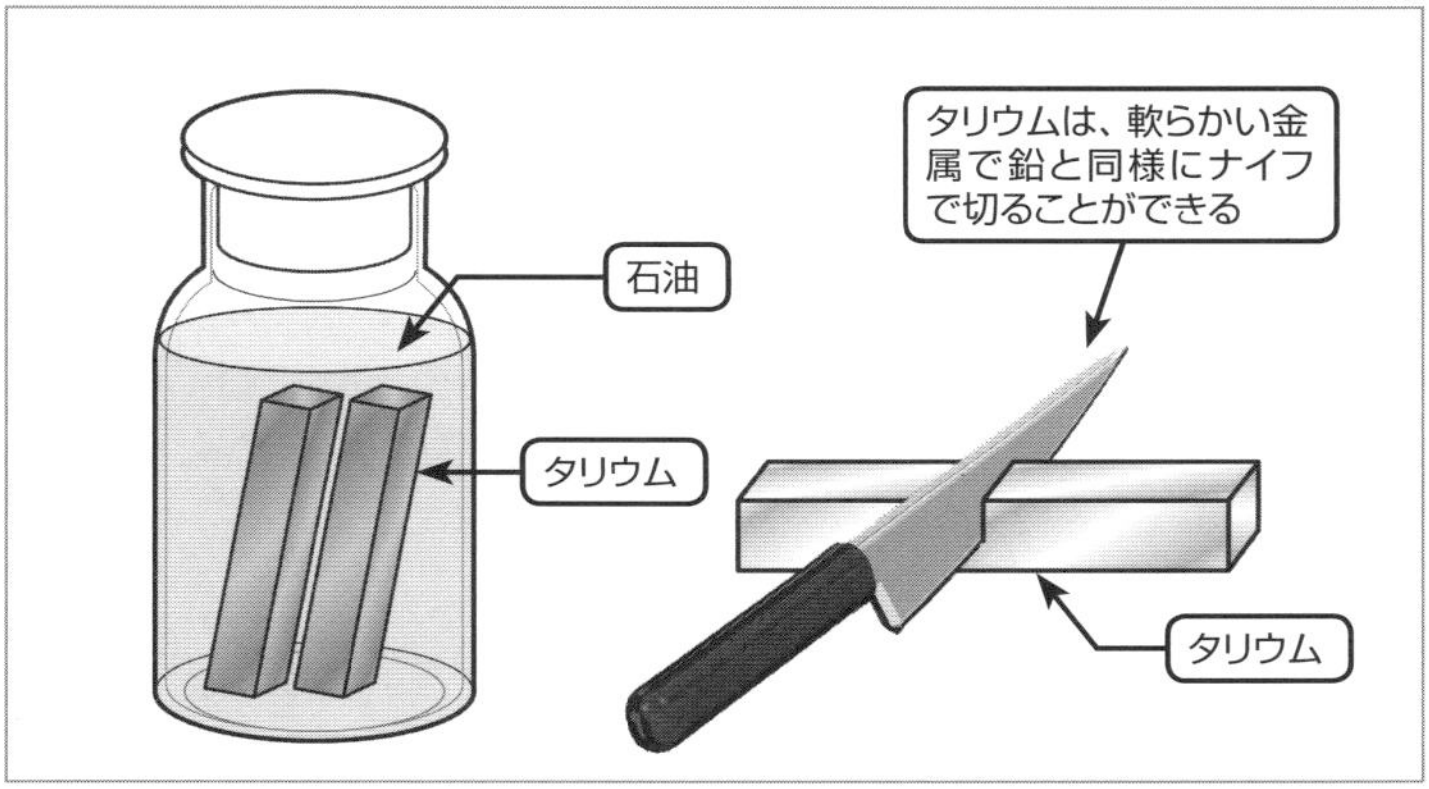
タリウムは、軟らかい金属で鉛と同様にナイフで切ることができる
石油
タリウム
タリウム

スの貴族化学者ウィリアム・クルックス卿である。タリウムは発見された当初から毒性が強いことが知られていた。タリウムという名前はギリシア語の〝緑の小枝〟という意味から付けられたが、これはタリウムが若草色の炎色反応を示したことによる。

○タリウム化合物

タリウムは毒物としてだけでなく、医薬品として用いられた歴史もあるが、このような用途に用いられるときには金属としてのタリウムではなく、化合物の状態で用いられる。酢酸タリウムCH_3COOTlや硫酸タリウムTl_2SO_4などである。どちらも無色の結晶(白色粉末)であり、致死量は成人で約1gといわれている。

歴史的には淋病、梅毒、結核の治療薬として用いられたこともある。しかし、強い毒性のために使用は中止され、近年では殺鼠剤などに用いられる程度である。しかし、生物系の研究施設では細菌の培養地の消毒用に用いられている。そのため、タリウムによる誤飲事故や殺人、殺人未遂事件は生物、医療系で起こることが多い。

○タリウム中毒

タリウムは消化管から吸収されるだけでなく、気道や皮膚からも吸収されて体内に蓄積される。特に消化管からの吸収は速やかで、通常、12～24時間以内に発症する。

初期症状は消化器と神経系に現われる。少量摂取では嘔吐、上腹部痛、感覚障害、運動失調などの症状が現れ、重篤な場合には発熱、痙攣を起こし、肺炎、呼吸障害、循環障害などで死に至る。

タリウム中毒では、手足がジンジンするというのが特色の1つとして挙げられるが最も特徴的な症状は脱毛であり、大量摂取時には5日目くらいで起こることもある。頭髪が束状になって抜け、眉毛は外側三分の二が抜けやすいのが特徴といわれる。

このため、1950年ごろまではタリウム軟膏として顔面の脱毛剤に用いられた。

金属の一般的性質

金属には多くの種類があり、一般生活にとっても、産業にとっても重要なものである。ここで金属の一般的な性質見ておこう。

○金属光沢、展性・延性

一般に金属の特徴的な性質として3つ挙げられる。それは①金属光沢、②展性・延性、③伝導性である。

金属光沢はいうまでもなく、金を典型とする独特の光沢である。金属は錆びやすいので、固体金属の表面は錆びて光沢を失い、黒（鉄、鉄は古語で黒金といわれた）や緑（銅、銅の錆びは緑青といわれる）など、いろいろの色をしていることがあるが、金（黄色）や銅（赤）を除けば多くは銀白色である。

展性は叩いて延ばすと箔状に広がる性質であり、延性は針金状に伸びる性質である。展性・延性が大きいのは金であり、1gの金は箔にすると面積5平方メートル以上、厚さ1億分の1㎜になるといわれる。このような厚さになると金も透明になり、金箔を透かして外界を見ることができる。

赤いセロファンを透かせば外界は赤く見え、青いセロファンを透かせば外界は青く

◉金の展性と延性

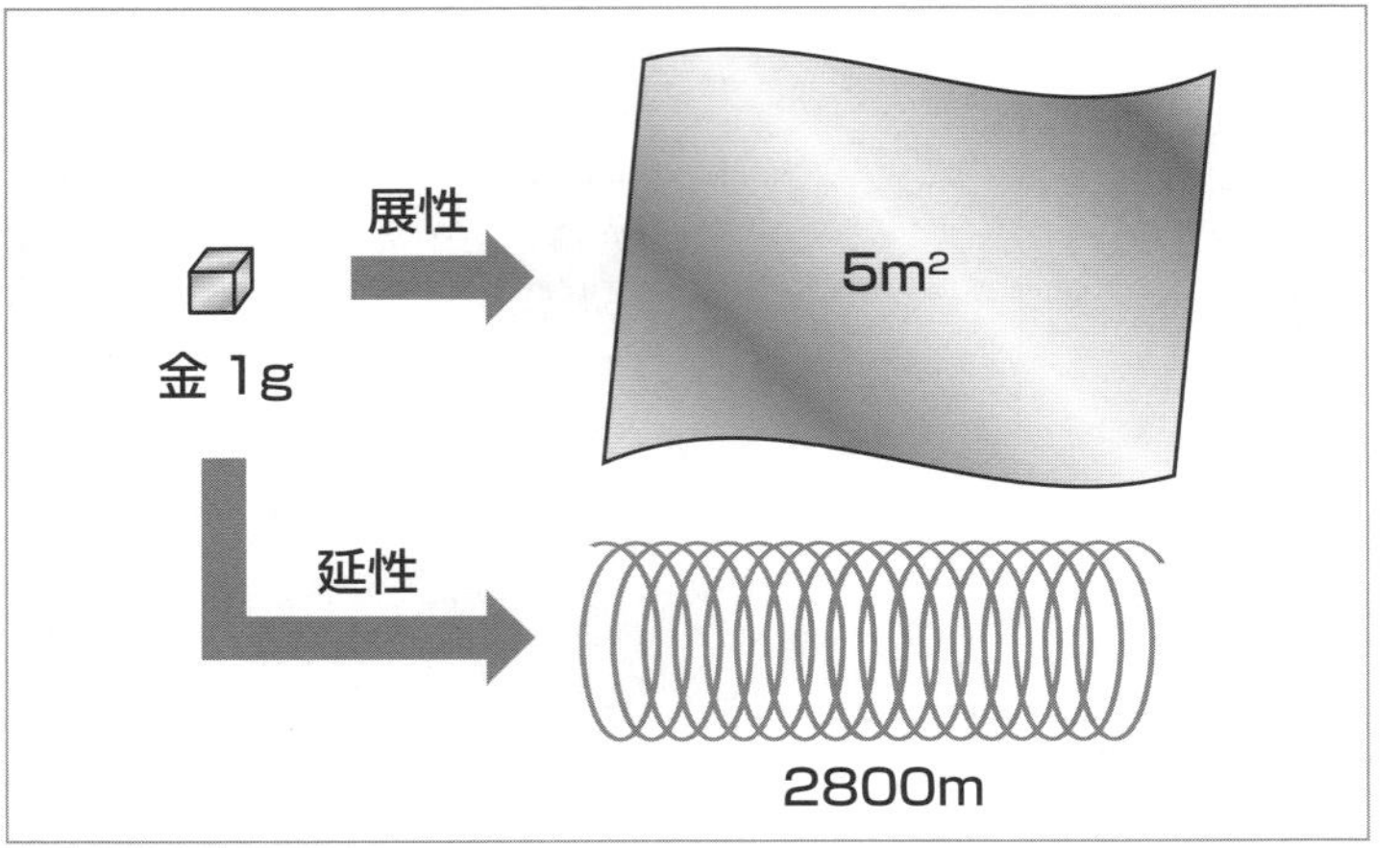

見える。それでは、金箔を透かして見える世界は何色か？　答えは青緑色である。

また、1gの金を針金に延ばすとなんと2800mになるといわれる。金工芸は複雑微妙で、他の金属細工とは一線を画するといわれるのは、このようなところに原因があるのであろう。

●電気伝導性
電流は知らない人にとっては魔法のようなものであるが、知っている人にとってはあっけないほど単純なものである。電流は電子の移動である。「電子がAからBに移動した」とき、「電流はBからAに流れた」と定義される。それだけである。

電子の移動しやすい物質は良導体で伝導性が高く、電子が移動しにくい物質は絶縁体で伝導性が低いということである。

●金属の構造
原子の構造の詳細はいずれ詳しく説明するが、ここでは、原子は中心にあって+Zの電荷を帯びた1個の原子核と、その周りにあってマイナス1の電荷を帯びたZ個の電子からできている、ということで留めておこう。

したがってプラスZの原子核の電荷に対して、電子集団の電荷はマイナスZとなって、電荷的にはプラスとマイナスが釣り合う。そのため、原子は電気的に中性ということになる。

金属原子Mももちろん、電気的に中性である。ところが金属という固体を作るときには、たくさん集まって金属という固体を作るときには、特有の挙動をする。すなわち、自分の持っている電子のうち、価電子といわれる何個かの(たとえばn個としよう)電子を放出するのである。その結果、自分はn個の電子が足りなくなったので+nに荷電した金属イオンM^{n+}となる。

一方、放出された電子は、自由に移動する自由度を得たので自由電子といわれる。

金属はこのような金属イオンと、その周り

◉原子構造

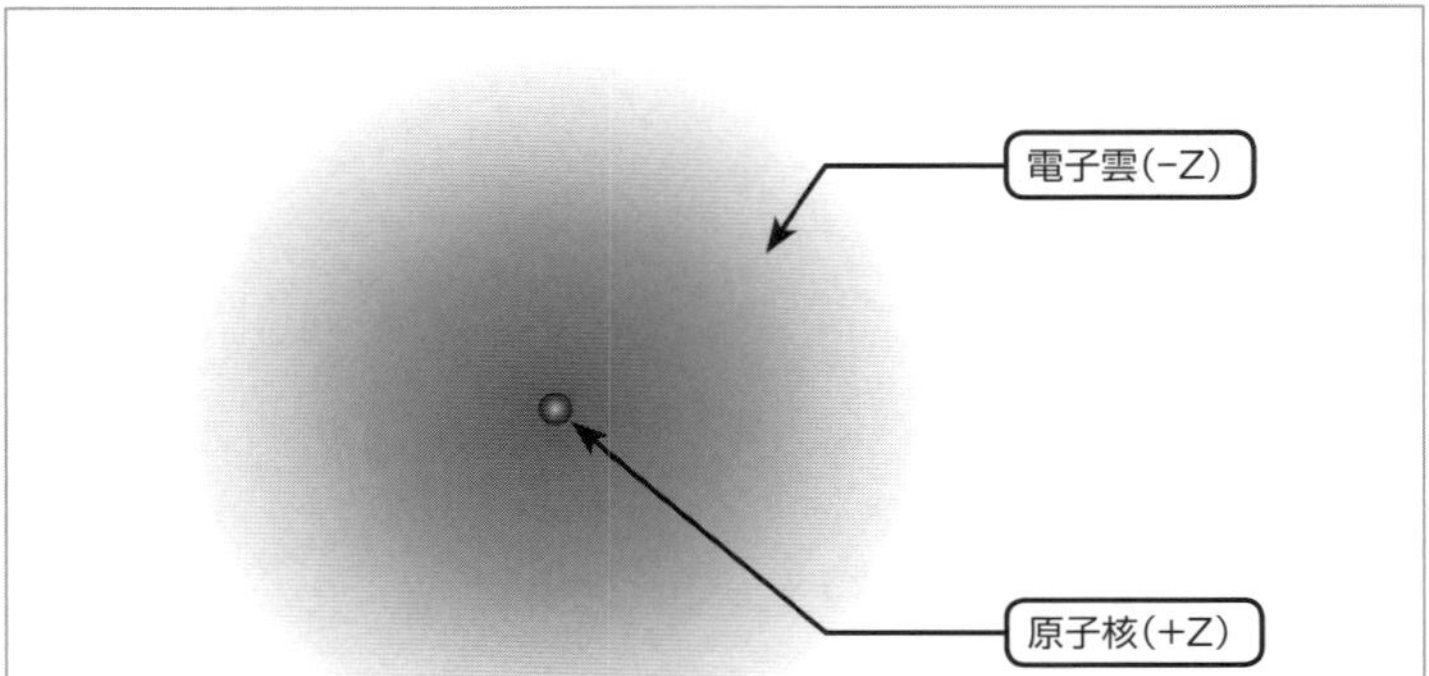

を囲む自由電子という、2種類の物質からできているのである。

●金属の伝導性

このような状態にある金属に電圧がかけられると、自由電子がマイナス極からプラス極に移動しようとする。このとき、電子にとっては移動しやすい環境と移動しにくい環境があることになる。

小学校の教室で、子供(金属イオン)たちの座る机の脇を先生(自由電子)が動く様子を想像すればよくわかる。子供たちが大人しくジッとしていれば先生はスムースに動ける(高伝導度状態)。しかし、子供たちがチョッカイを出して、手足を出したのでは先生は動けない(低伝導度状態)。

◉金属結合

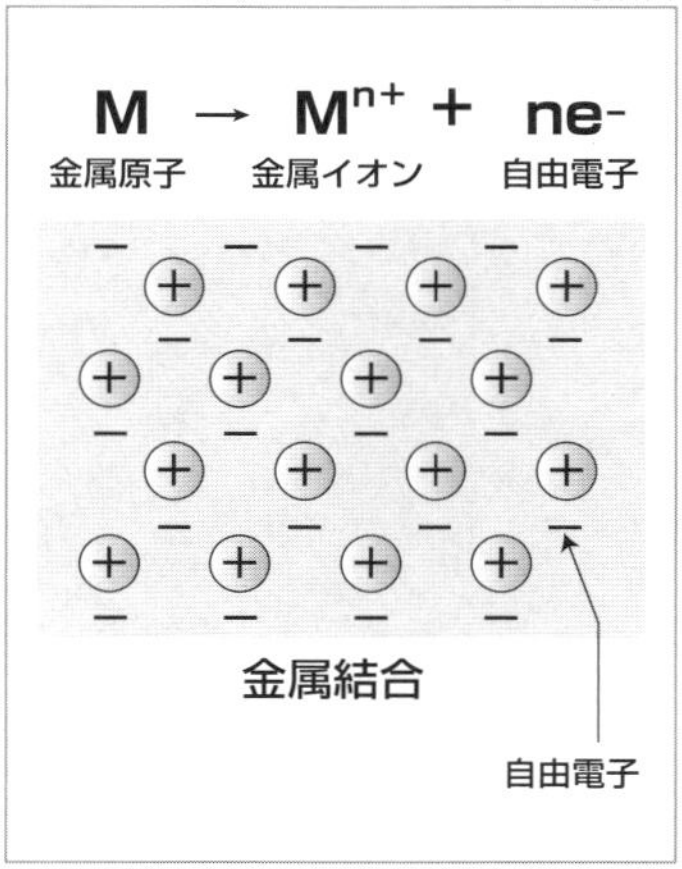

M → M^{n+} + ne^-
金属原子
金属イオン
自由電子
金属結合
自由電子

◉高伝導度状態と低伝導度状態

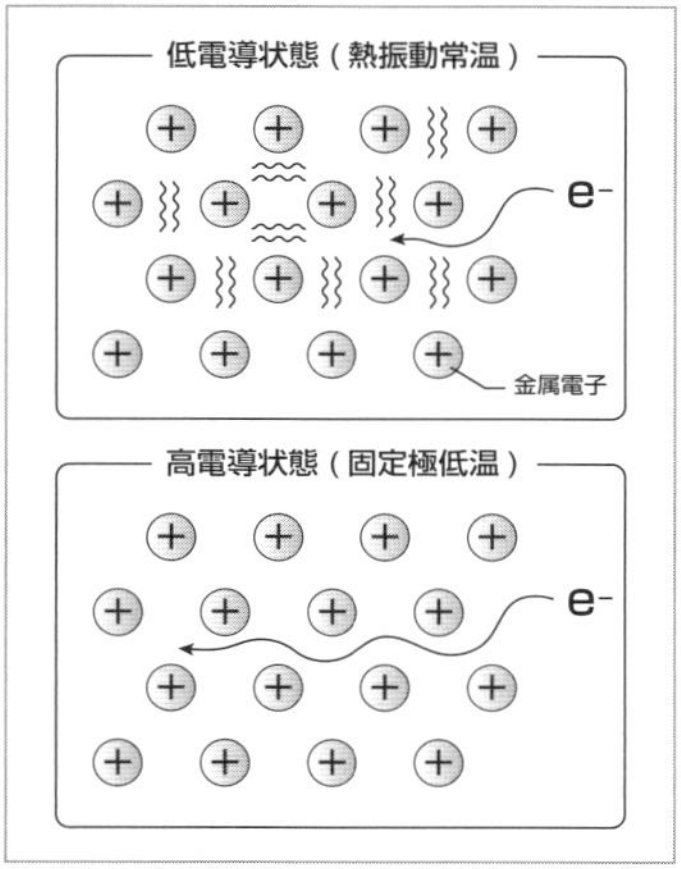

低電導状態(熱振動常温)
e^-
金属電子
高電導状態(固定極低温)
e^-

金属イオンの運動度は絶対温度に比例する。絶対温度とは、そもそも物体の運動の激しさを表す尺度なのである。すなわち、金属の伝導度は温度が上がれば低くなるのである。逆に言えば、温度が高くなると金属の電気抵抗は高くなるのである。

●超伝導性

下の図は金属の伝導度、電気抵抗の温度変化を表したものである。温度が下がると電気抵抗は低くなる。そしてある温度、臨界温度に達すると突如、電気抵抗が0になるのである。この状態を「超伝導状態」という。これは徐々に0に近づいていくのではない、あるとき突然0になるのである。このような突然の変化は、自然現象では決し

●金属の伝導度、電気抵抗の温度変化

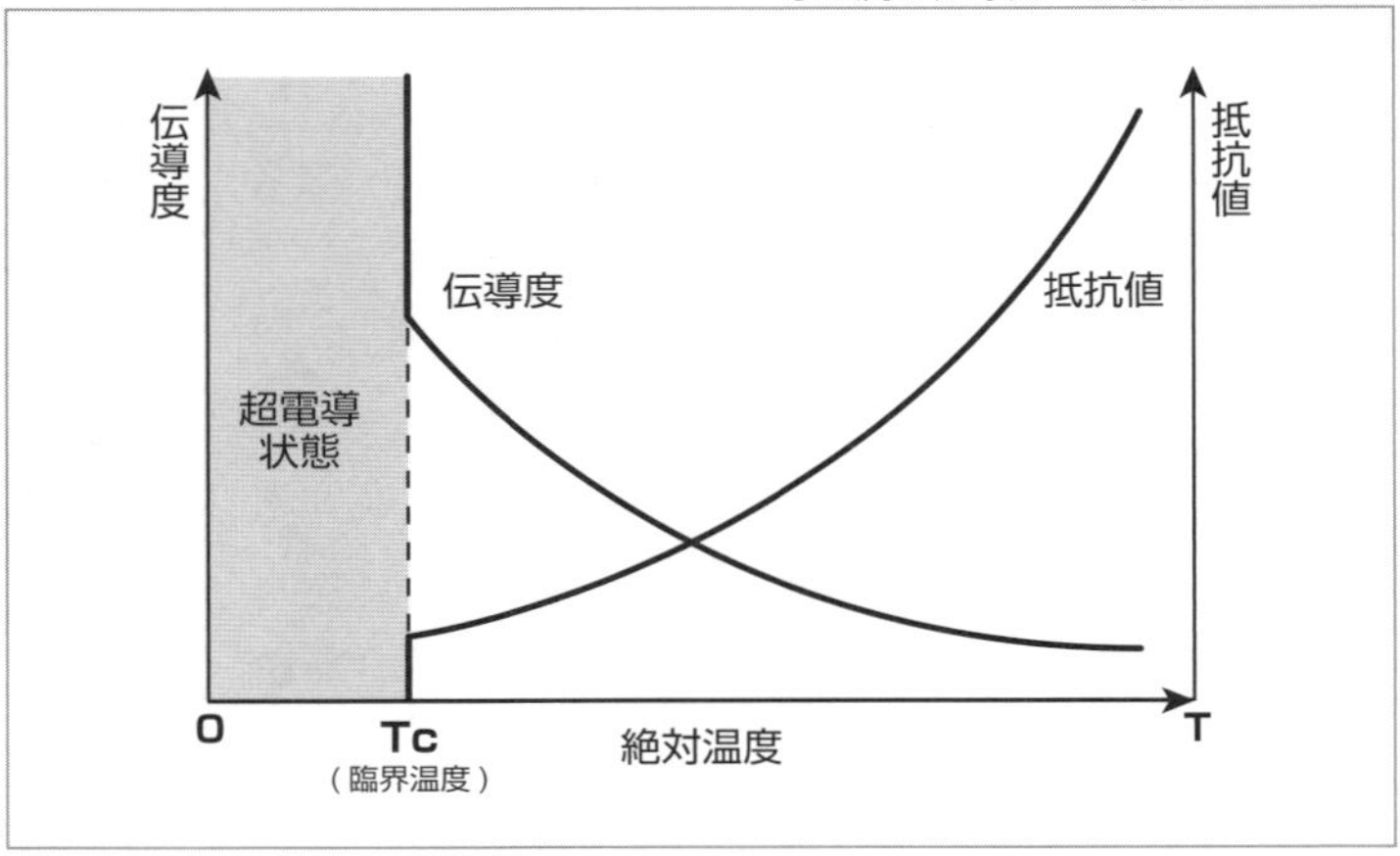

て珍しいことではない。液体の水を冷やすと融点、０℃で突如結晶の固体になる。加熱した場合も同様である。沸点１００℃で突如沸騰して気体になる。このような変化を一般に「状態変化」「相変化」という。

超伝導状態で電気抵抗が０になるということは、コイルに大電流を流しても発熱しないということである。鉄心に巻いたコイルに電流を流せば電磁石ができる。しかし、強い電磁石を作ろうとすると発熱が激しく、電磁石の強度には限度がある。ところが、超伝導状態にすればいくらでも強い電磁石ができることになる。このような電磁石を超伝導磁石という。

超伝導磁石は脳の断層写真を取るＭＲＩ、あるいはＪＲ東海のリニア中央新幹線などで利用されている。リニア中央新幹線では、摩擦抵抗を少なくするため、車輪を使わず、車体を浮遊させて移動する。この浮遊に超伝導磁石の反発力を利用しているのである。

◯炎色反応

先に見たように〝タリウム〟の名前は炎色反応でタリウムが示す〝若草色〟に由来するものであった。炎色反応とは何だろう？

●炎色反応の現象

炎色反応は、現象的には単純なものである。金属元素を含む化合物の水溶液を白金の針金の先につけ、それをブンゼンバーナーの炎の中に入れると、特有の色彩の炎が現れるというものである。金属とその炎色反応の色を表に示した。当然のことながら、この現象は化学的には金属元素の同定に用いられ、実用的には花火の色彩出現に用いられている。花火の黄、赤、青、紫などの鮮やかな色彩は金属元素によるものなのである。

●炎色反応の原理

炎色反応の原理を理解するためにはエネルギーを理解しなければならない。エネ

◉元素の炎色反応

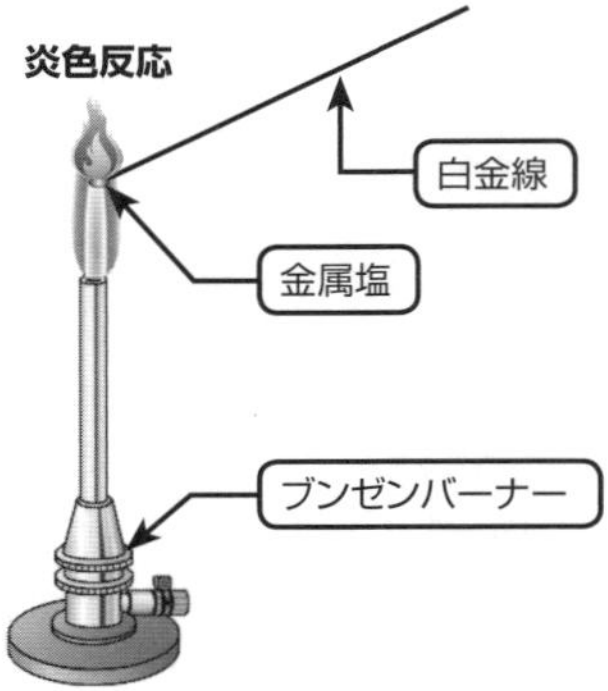

化合物	炎色反応の色
Li	深赤
Na	黄
K	赤紫
Rb	深赤
Cs	青赤
Ca	橙赤
Sr	深赤
Ba	黄緑
Cu	青緑
In	深青
Tl	黄緑

ルギーは仕事をするための源である。エネルギーの特徴はいろいろなものに変身することであり、その形は熱、光、電力、風力など多彩である。つまり、〝エネルギー〟というからわかりにくいのであり、〝熱、光、電力のようなもの〟と思えば何のことはないのである。

金属や分子は固有のエネルギーを持っている。金属原子も同様である。この原子を炎の中に入れて〝熱エネルギー⊿E〟を加えたら金属原子はエネルギーの高い〝励起状態《れいきじょうたい》〟になる。しかし、励起状態は不安定なので、原子は余分なエネルギー⊿Eを放出して元の〝基底状態《きていじょうたい》〟に戻る。

このとき、⊿Eが光に変身したのが炎色反応の光なのである。したがって、炎色反応の色は⊿Eによって変化するというわけである。この原理はものすごく単純であるが、ものすごく重要である。この原理さ

◉励起状態と基底状態

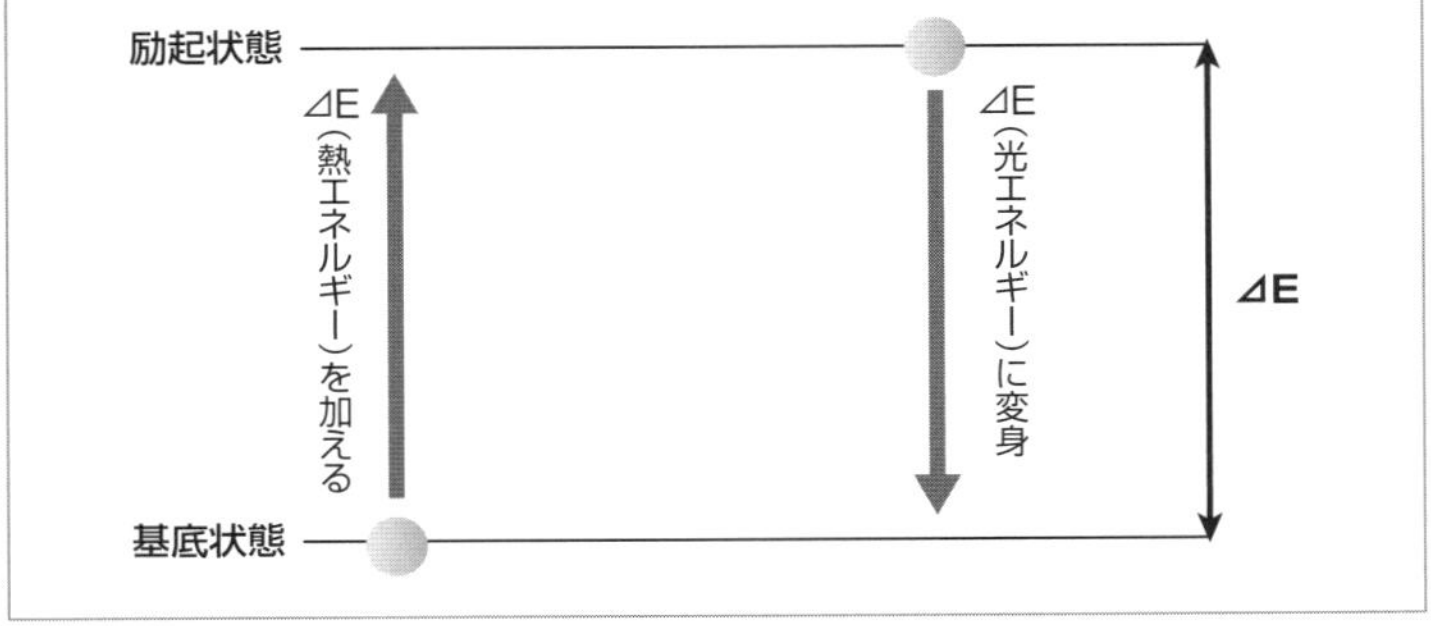

え覚えておけば、ネオンサインや蛍光灯の原理はもとより、LED、有機ELの原理、さらには物体の色彩という根源的な問題まで〝お茶の子さいさい〟である。いつか、適当な話題のときにご説明しよう。

元素

金属元素の話が出たので、ここで元素の一般的な話を簡単に説明しておこう。元素とは宇宙のすべての物質を作る素になるものである。宇宙に存在する物質の種類は無数としかいいようがない。ところが、それを作っている元素の種類はわずかである。地球上の自然界に安定に存在する元素はわずか90種類ほどにしか過ぎない。

○周期表

元素にはその大きさに従って原子番号Zという番号が付けられている。最も小さいものがZ＝1の水素であり、最も大きいものがZ＝92のウランである。そして、これらの元素を規則的にまとめた表が周期表である。周期表には高校化学でイヤな思いを詰め込まれた方も居られるだろうから、ここで細かいことをいうのは差し控えておこうと思う。

しかも、周期表は、高校でしつこくいわれた物だけではない。現に、30年ほど前には、文科省は今の周期表とは異なる周期表を押し付けていた。昔の周期法は短周期表であり、現在のものは長周期表である。そのほかにもいくつかの種類の周期表がある。周期表はその程度のものである。丸暗記など馬鹿げている。しかし、周期表には、思いのほかに〝多くの情報が詰められている〟ことは頭に留めて置く価値がある。

○元素の種類

周期表には118種類の元素が載っている。しかし、92番元素より大きいものは自然界には存在せず、人間が人工的に作ったもので、超ウラン元素と呼ばれる。

元素にはいくつかの分類法があるが、本話題の主題である金属元素にちなんでいえ

◉周期表

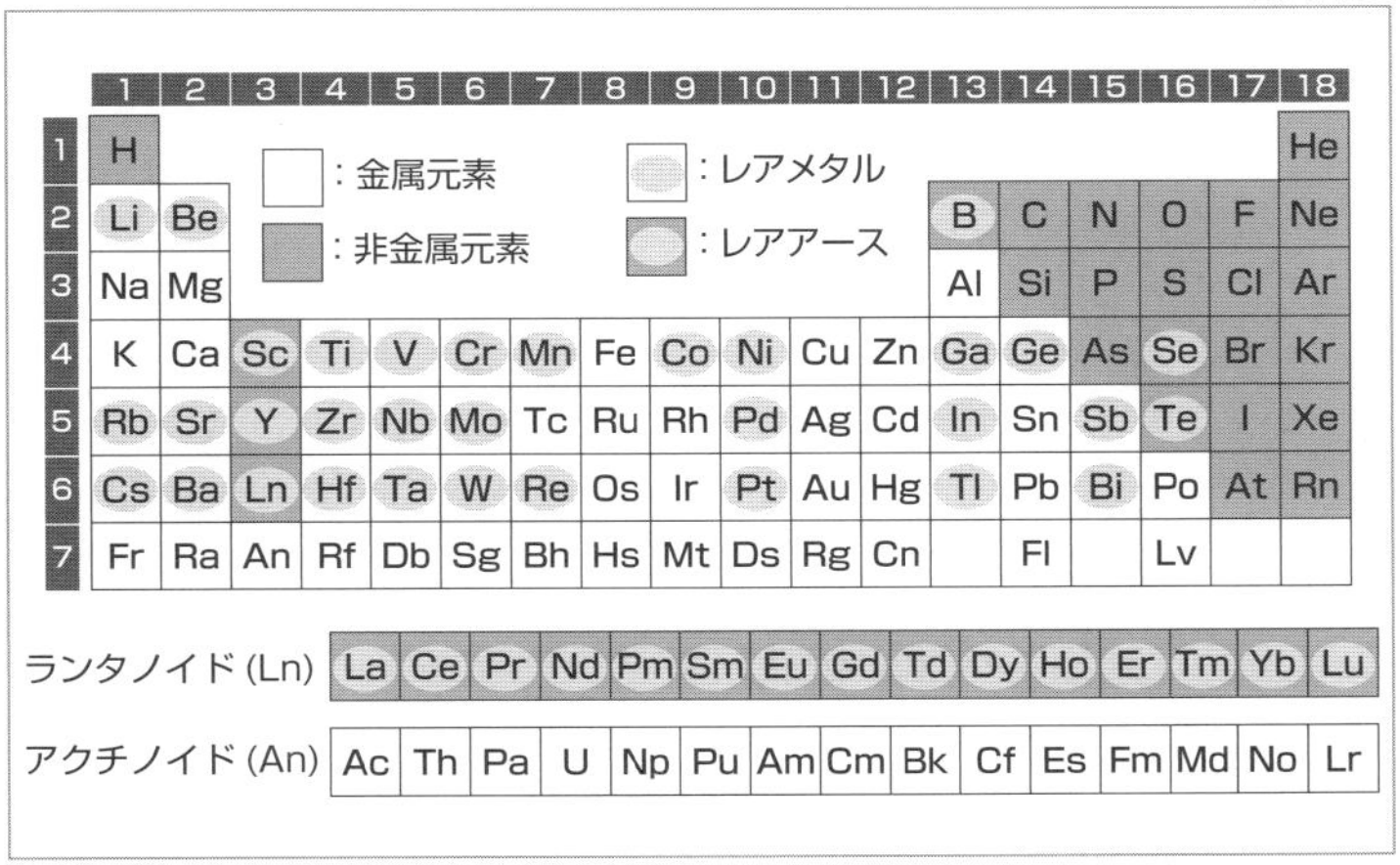

1 2 3 4 5 6 7 8 9 10 11 12 13 14 15 16 17 18
：金属元素
：非金属元素
：レアメタル
：レアアース
1 H He
2 Li Be B C N O F Ne
3 Na Mg Al Si P S Cl Ar
4 K Ca Sc Ti V Cr Mn Fe Co Ni Cu Zn Ga Ge As Se Br Kr
5 Rb Sr Y Zr Nb Mo Tc Ru Rh Pd Ag Cd In Sn Sb Te I Xe
6 Cs Ba Ln Hf Ta W Re Os Ir Pt Au Hg Tl Pb Bi Po At Rn
7 Fr Ra An Rf Db Sg Bh Hs Mt Ds Rg Cn Fl Lv
ランタノイド(Ln) La Ce Pr Nd Pm Sm Eu Gd Td Dy Ho Er Tm Yb Lu
アクチノイド(An) Ac Th Pa U Np Pu Am Cm Bk Cf Es Fm Md No Lr

ば、金属元素と非金属元素という分類であろう。その区分けは図の周期表に示したが、非金属元素は左上の水素Hを除けばすべては右上の領域に固まった20種ほどのものである。他の70種類ほどはすべて金属元素なのである。超ウラン元素もすべてが金属元素的な性質を持つものと考えられる。

金属元素が多いということがわかるだろう。ところが、我々生命体を作る元素の多くは、少なくとも量的に多いのは炭素C、水素H、酸素O、窒素Nなどの非金属元素である。生命体がいかに特殊なものであるかがわかるだろう。

○レアメタル・レアアース

近年、レアメタル・レアアースという言葉がニュースに踊っている。

●レアメタル

レアメタルの〝メタル〟は〝金属〟であり、〝レア〟は〝希少〟という意味であり、レアメタルは〝希少金属〟という意味である。

しかし、図に示したようにレアメタルは47種類ある。すまわち、70種類ほどの金属元素のうち47種類、つまり、金属元素の〝大部分〟が〝希少〟だというのである。

これは〝希少〟の定義に問題がある。〝希少金属〟の〝希少〟は次のように定義されている。

❶地殻における埋蔵量の少ない金属。
❷特定の地域、国家では大量に産出するが、日本での産出量が少ない金属。
❸単離、製錬が困難な金属。

つまり、この定義はなんら科学的な定義ではないのである。政治経済的な定義であり、煎じ詰めれば、「日本が必要とするが、日本では産出しない金属」ということである。たとえば、リチウム電池などに使うリチウムは、世界の総生量の86%をチリ、オーストラリア、中国の3カ国で占めている。日本では産出しない。他のレアメタルも事情は同じである。

しかし、レアメタルの重要性は大きい。つまり、鉄鋼に少量のレアメタルを混ぜると硬度、耐熱性、耐薬品性などが飛躍的に向上するのである。そればかりでない、磁性、発光性、発色性、レーザー源としての発振性など、現代化学産業の神髄ともいうべき性質をレアメタルが負っているのである。そのため、現代産業はレアメタルなくして成り立たないほどになっている。

●レアアース

レアアースは日本語では希土類と訳す。レアアースは化学的な分類であり、周期表の3族元素の上部にある3種、すなわちスカンジウムSc、イットリウムY、それとランタノイドを指す。ランタノイドは周期表本体の下部に付録のように添付されている表に示された元素群の総称であり、全部で15種類ある。したがってレアアースは全部で17種類あることになる。そして、注意していただきたいことは、すべてのレアアースはレアメタルに指定されているということである。つまり、レアメタル47種類のうち、17種類はレアアースなのである。

しかも、レアメタルの特性のうち、〝磁性、発光性、発色性、レーザー源としての発振性など、現代化学産業の神髄ともいうべき性質〟はレアアースに負うものである。ところが、レアアースの生産は極端に一極集中になっており、全世界の総生産量の90％以上を中国が占めているのである。

レアメタル、レアアースの寡占状態を打破するためにどうするかは、世界中で問題にすべきことであろうが、科学的にできることは代替金属、代替物質を発見、発明することである。その研究も着々と進んでいる。

実験器具の紹介

小説編の中で亜澄は再結晶を行っていた。そこで、今回は再結晶の実験手順と、それに用いる実験器具について見てみよう。

再結晶というのは、結晶（溶質）Aを適当な溶媒に溶かして溶液とし、その溶液から溶質Aを再び結晶として取り出す操作である。なぜ、こんな面倒なことをするのか？ それは、不純なAの結晶を、純粋なAの結晶として取り出すことである。すなわち、再結晶は結晶Aの純度を上げて純粋物質に近づける操作なのである。

海水から得たばかりの不純な塩を純粋な塩化ナトリウムNaClにするのも、サトウキビから得たばかりの不純な砂糖（黒糖）から純粋は氷砂糖（ショ糖、スクロース）を得るのも再結晶の手法によることが多い。

そればかりではない。化学反応ではいろいろな思いがけない生成物が生成する。反応を明らかにするためには生成物が何かを明らかにすることが必要であり、そのためには生成物を純粋な形で取り出すことが必要なのである。再結晶はそのための最も有力な手段ということができよう。

再結晶の原理

再結晶の原理は先の第1話の中にある。一般に結晶の溶解度は次の図のようであり、高温でよく溶け、低温では溶けにくい。結晶Aの、適当な媒溶に対する解度が下図で表されたとしよう。つまり80℃の溶媒に100gのAが溶けるのである。

80℃で目いっぱいの不純結晶Aを溶かした飽和溶液を作ったとしよう。この溶液を放冷して室温に(20℃)にしよう。この温度でのAの溶解度はグラフから見ると15gである。つまり、最初に溶けていた100gのうち85g(100－15＝85g)は溶けきれなくなる。これは結晶として析出する。しかし、最初の不順結晶に含まれていた不純物は濃度は低いため、結晶としては析出せず、溶液中に溶けたままである。

この状態で、析出した結晶だけを取り出す(単離)することができたとしたら、その結晶は純粋なAの結晶、少なくとも、最初の不純結晶よりはAの濃度が高いはずである。このような操作(再結晶)を数回繰り返したら、純粋なAが得られることになる。これが再結晶である。

◉結晶の溶解度

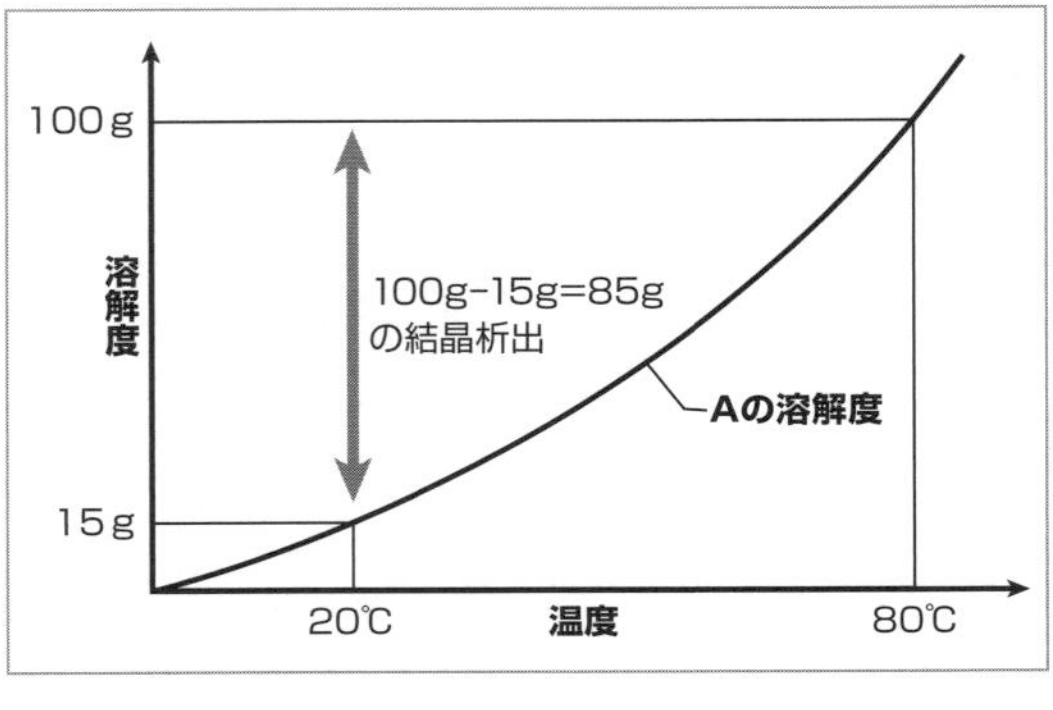

再結晶の操作

再結晶の操作は前に述べた通りである。すなわち、次の通りである。

1 不純結晶Aの溶解
2 Aの結晶化
3 Aの単離

それぞれの操作の具体的な手順は次の通りである。

❶不純結晶A(前の例にならって100g)を適当な容器(三角フラスコ)に入れる。
❷そこに適当な熱溶媒(上の例に倣って80℃　100g)を入れて溶かして飽和溶液を作る。
❸その溶液を放冷して室温(20℃)にすると85gのAが結晶となって析出する。結晶とならなかった液体部分はろ液と呼ばれる。
❹この結晶とろ液を「ろ過」という操作によって単離する。

実験操作と使用器具

再結晶の具体的手順のうち**1**～**3**までにどのような器具を用い、具体的にどのようにすればよいかは、先の第1話で明らかであろう。ここで問題にすべきは上の操作❹である。

操作❹は、技術的に基礎的なものから、高度なものまでいろいろあるが、(ものすごく)基本的な濾過法で用いる器具は図に示した通りである。すなわち、ロートと呼ばれるガラス器具と、ろ紙と呼ばれる紙からできている。

ロートに適当な形に成形されたろ紙を置き、ろ紙の上に〝結晶とろ液の混合物〟を入れる。すると、液体部分(ろ液)はろ紙の目を通って下の受け器(図では三角フラスコ)に入り、結晶部分はろ紙の上に残る。つまり、このようにして結晶(純粋A)とろ液(残りのAと不純物、および溶媒の混合物)を分けることができるのである。

◉再結晶の操作

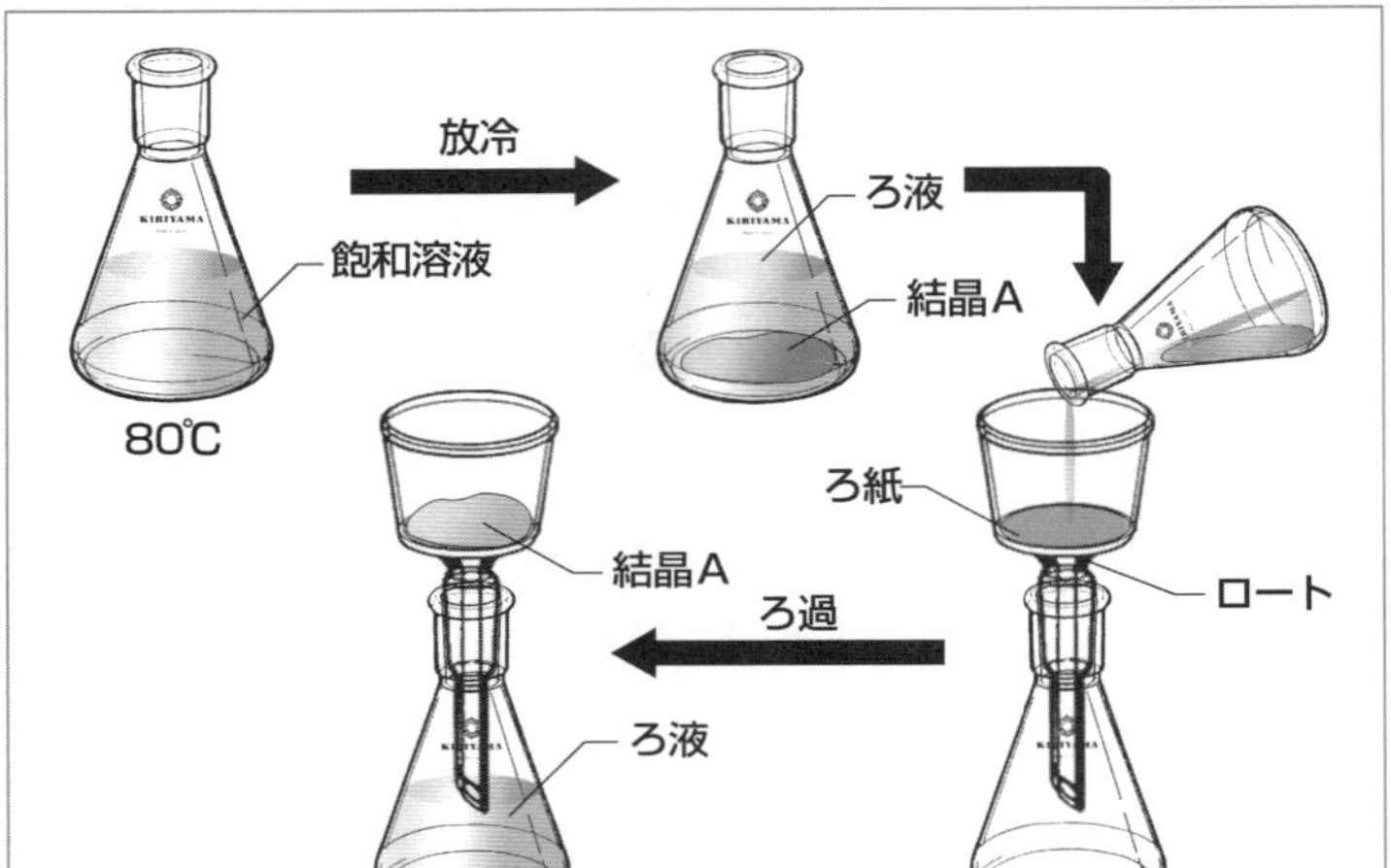

第3話

学位の行方

～第3話　学位の行方～

ここは帝都大学工学部物質工学科の園田研究室である。助教の亜澄《あずみ》錬太郎が滴定実験を行っている。滴定とは濃度未知試料の濃度を測定するための実験である。化学の基本的なテクニックであるため、化学系の学生は学生実験で行うことが多い。しかし、もちろん、濃度を決定するのは化学的に重要なことなので、研究者が研究の一環として行うことも多い。

安息香《あすか》が驚いたような顔で実験室に入ってきた。

「先生、大変です」

「安息香の大変はしょっちゅうだからな。いちいち驚いてられるか」

「本当に大変なんです。先生が殺されたんです！」

「エッ。先生が？　どこの先生だ？」

「薬学部の田所先生です。いま友人からメールが入ったんです。詳しいことはわかりませんが、昨日

の朝、殺されてるのが見つかったんだそうです」

その友人が安息香を訪ねて研究室に来たのは三カ月ほど前のことだった。

「先生、この子、私の後輩で薬学部四年の鈴木アカネです」

「鈴木です。よろしくお願いします」

「おお、こんにちは。助教の亜澄です」

安息香がちょっと心配そうに続けた。

「このアカネの研究室の先生の厳しさって、ものすごいものなんだそうですよ」

「厳しい先生は昔からいるからね。厳しいってのはそれだけ学生を一生懸命教育しようとしてるんだよ。むしろ感謝しなければ。で、アカネさんの研究室ってどんななの？」

「私、薬学部の尾崎研にいます。直接には助教の吉兼先生についています」

「なるほど、その吉兼先生が厳しいってわけだな」

「ええ、かなり厳しいんです。まず、朝の時間、九時に遅れたら大変」

安息香が続けた。

「それだけではないのよね、アカネ。昼休みの時間も決まっていて、一時には研究室に戻らなければならないんでしょ。それに、実験しながら、うっかり無駄話なんかすると凄く怒られると言うんですよ」

「私たち国家試験を受けなくちゃならないので、厳しく管理してもらえるのはありがたいと思ってるんです」

アカネが弁解した。しかし、それに構わず安息香が続けた。

「要するに管理教育なんですよ。だからアカネもイヤになってるんです。薬学部の子だから、もともとまじめで優秀なんですよ。研究に厳しいんならちゃんとついていくと思います。だけど、管理が厳しいのはやりきれないっていうんですよね」


帝都大学薬学部の尾崎研究室は三人の教官から構成されていた。教授の尾崎健介と准教授の田所明人、それと助教の吉兼泰之だった。田所は四十歳、吉兼は三歳若い三十七歳だった。

吉兼は帝都大学の出身であり、尾崎の指導で博士号を取った最初の学生であった。そのため、尾崎が教授になったとき、吉兼を助教として残した。吉兼には研究能力のほかに管理上手という能力があった。機器やデータの管理はもとより、研究室のスケジュール管理、さらには学生の管理に抜群の手腕を発揮した。しかし、管理上手というのは吉兼の欠点でもあった。吉兼の管理は微に入り細を極めた。まず、音を上げたのが学生だった。今時の学生は、管理されることに慣れていなかった。悲鳴はやがて怨嗟に変わった。吉兼は学生から毛嫌いされるようになった。

田所は他の大学から公募で迎えられた准教授であり、新しい分野を切り開く積極性と、理論を武器に実験を進める緻密さから学会で高く評価されていた。人柄も明るく陽気であった。学生も田所に惹かれていた。

亜澄が続けた。

「殺されたのは田所先生だよな?」

「ええ、そうです。厳しかった吉兼先生ではなく、皆から好かれていた田所先生です。研究には厳しいけれど、実力もあって学生をぐいぐいリードしていた先生なんですよ」

「そんな先生がなぜ殺されたんだ? 殺されていたのは昨日、日曜日の朝だそうだな?」

「アカネの話では、発見されたのが昨日の朝で、実際に殺されたのは土曜の夜七時から八時ごろらしいということです。警察は物盗りでないかと言ってるそうですよ」

「物盗りによる殺人か。恐ろしい世の中になってきたね。しかし、ひょっとしたらなにか裏の事情があるかもしれないな。友人の警察官の水銀《みずがね》に聞いてみるか?」

＊1＊

「おお、水銀、忙しいのに悪いな」

「いやなに、いつものことだ。あの、田所殺害の件だろ？　あれは日曜日の朝に、田所の恋人がマンションを訪ねて発見したんだ。インターホンを押したが返事がなかったそうだ。約束していたのに変だと思いながらドアノブに触ったら鍵がかかってなかったたって言うんだな。それでどうしたのかと部屋に入ったら田所が居間に倒れていたってわけだ。救急車を呼んだがすでに死んでいた。凶器は脇に落ちていたフライパン。頭を殴られたようだな。死亡推定時刻は土曜日の夜七時から八時の間。フライパンの指紋は消されていたが、田所の家の台所のものだろうと思われる、ということだ」

「物盗りの犯行ということだが、本当にそうなのか？」

「それはまだはっきりしない。部屋は物色されていたし、財布はなくなっていたようだから物盗りの線はあるが、なんせ土曜日の夜七時、八時に物盗りというのも考えにくくてな。それに、解剖の結果が変なんだ。解剖医の話によると、頭についた傷の跡がフライパンと一致しないと言うんだよ」

「なんだって？　それじゃ、実際に殴られたのはフライパンじゃないってことか？　犯人は何か他の凶器で殴った後、フライパンを転がしておいたってことか？　捜査を攪乱させようというわけだな」

「ま、そうだな。ひょっとしたら怨恨かなにかの殺人を物盗りに見せかけているのかもしれないな。そんなことでまだ捜査中というわけだ」

「そうか、怨恨という線も考えられるんだな？」

「怨恨の線もあると思って、研究室の者からも事情を聴いたんだがな。田所の評判はいいな。教授からも信頼されていたようだ。助手の吉兼も頼りにしていたようだしな。吉兼はちょうどその土曜日に田所にデータを届けたそうなんだよ。五時ごろだそうだな。犯行の二時間ほど前だ。そのときは何事もなく別れたと言ってたよ」

「それはまた偶然の一致だな」

「ああ、そうなんだよ。それで念のため、吉兼のアリバイを当たったんだが、田所と別れた後、駅前のレストランで食事をとったということだ。これは裏を取ってある。レストランは吉兼のよくいくところで、店員が吉兼の顔を覚えていたよ」

「そうか、それでは吉兼は問題ないわけだな」

「そういうことだ。というわけで怨恨も難しそうだし、といって物盗りも時間的にな。それで困ってるんだよ。何かいいアイデアはないものかな？　名探偵さんよ。何か気付いたら知らせてくれないか？」
「安息香、聞いた通りだ。警察も困ってるようだな。物盗りにしては変なところがあるし、かといって怨恨の線も浮かばないってところのようだな」

＊2＊

吉兼には思い当たる節があった。ドクター三年の八木剛である。八木の直接指導は准教授の田所が行っていた。八木は凡庸な学生だった。八木にアイデアを考える能力はなかった。すべてのアイデアは田所から出ていた。しかし、実際に実験をしてデータを出すのは八木だった。そのため、学会で発表する八木は、学会でも注目される若手の一人だった。

八木の学位取得をどうするかで時折、尾崎、田所、吉兼で意見交換をしていた。尾崎は八木の実力を知っているが、とにかくデータはあることだし、博士号を出してよいだろう、という考えである。しかし田所は違う。八木には研究者として一番大切な特質が欠けている。すくなくとも、もう一年は研究させるべきであると言って譲らない。最近では尾崎も田所の意見になびいているように見えた。

＊3＊

昼休み、亜澄がキャンパスを歩いていたら、ベンチに安息香と鈴木アカネが腰かけてソフトクリームを舐めていた。

「アカネさん。大変だったな。准教授の田所先生が亡くなって。研究室が大変でしょう?」

「ええ、もう研究どころではないって感じです。それにドクターの先輩も困ってます」

「ほう、どうして?」

「ドクター三年の八木さんって方がいるんですけど、今まで田所先生についていていたのに先生がいなくなったものですから、ドクター論文がどうなるか心配してます」

「それは心配ないよ。もう三年なんだから。もし三年でドクターが取れるものならきっと論文の輪郭は出来上がっていると思うよ。後は細かい部分の整理くらいでないのかな?」

「そうでしょうか?　そうだといいんですけど。八木さんは就職も決まっていて、ドクターが取れないと困るようなんです」

「それでは八木君、厳しいことをいう田所先生が亡くなったんだから、かえってドクターをとりやすくなったんでないのかな?」

「さあ、私にはわかりません。でも八木さんも忙しそうです。田所先生の事件があったときも岡山の学会に行ってたんですよ。土曜、日曜と。日曜に尾崎先生からの電話があって、大急ぎで岡山から戻ってきたんですって」

「そうか、ビックリしただろうね。自分の先生が殺されたんではね」

「ずいぶん驚いてました。泣いてましたよ。それにこんなことを言っていいのかしら？　実は、その日は勉強も実験もする気にならないから、みんなでお酒を飲みに行ったんです。そしたら八木さん酔っちゃって。犯人は吉兼先生だ、吉兼先生だって言うんです」

「エッ？　なんでそんな風に思ったんだろう？」

「わかりません。それは、吉兼先生はみんなから煙たがられていますけど、人を殺すような方ではありません。それをあんなふうに言うなんて。私、何か情けなくなって」

「そうか、その気持ちわかるな。しかし八木君はなんでそんなことを言ったんだろうな？」

＊4＊

吉兼は不審に思った。田所に恨みを持つ者はいないと思われる。しかし、一人だけ例外が居る。八木だ。八木は自分に能力があると思っているようだが、田所はそうは思っていない。研究室内の教官三人の会議でも、いつも田所は八木の能力の低さを嘆いていた。八木に三年でドクターを出すことに反対していた。そのことは八木も薄々知っていたはずだ。

もしかして、八木が田所を殺したのでは？　しかし、八木にはアリバイがあった。日曜から始まる岡山での学会に出席するため、横浜発岡山行きの五時の新幹線に乗っていた。この列車の次の停車駅は名古屋であり、その時間は七時である。したがってそこから東京に引き返すと九時になってしまい、犯行時刻の七時から八時には間に合わなくなってしまう。

＊5＊

安息香が興奮したように亜澄に告げた。

「先生、大変です。今度は吉兼先生が自殺だそうです」

ちょうどそのとき、警察官の水銀《みずがね》から電話が入った。

「オイ、亜澄、お前の大学はどうなってんだ？」

「いや、まったく面目ない。いま、吉兼先生の自殺を聞いてビックリしたところだ」

「そうか、発見者は教授の尾崎さんだよ。一昨日、月曜日だな。吉兼が大学に来なかったんだそうだよ。それで心配して今日、学校へ来る途中に吉兼のマンションに寄ってみたんだな。インターホンを押しても返事がない。鍵はかかってる。で、心配のあまり、管理人に頼んで鍵を開けてもらったってわけだ」

「そうか。鍵は掛かってたんだな」

「そうだ。で、中に入ったら吉兼が死んでたってわけだよ。それに遺書があったんだよ」

「死因は何だ？」

「服毒だな。毒の種類は解剖待ちだ」

「そうか。それで遺書にはなんて書いてあった？」

「それがな、田所を殺したのは自分だってんだな。それで死んでお詫びをってことだよ」

「それは手書きの遺書か？」

「いや、そうじゃなく、ワープロだ。机の上に置いてあったよ。教授の尾崎さんが困ってたよ。吉兼が田所を殺した理由、動機がわからないって言うんだ」

「吉兼が田所を殺す動機？」

「ああ、吉兼が田所を殺す理由がないってんだな。吉兼と田所は、性格は異なっていたが、お互い、その違いは理解し合っていたというんだ。田所はむしろ吉兼のやり方を評価していたそうなんだよ。今時の学生には甘い顔ばかり見せてたんではだめだってんだ」

「そうか。教官の間には信頼関係があったんだな。しかしだな、田所と吉兼は3歳違いだぞ。で、田所は准教授で吉兼は助教だ。田所がいては、いつまでたっても吉兼は准教授に上がれない。そこで、そのために、なんてことはないのかな?」

亜澄が聞いた。

「いや、その線もないな。田所は随分優秀な研究者なんだそうだ。近いうち、それ相応の大学に教授で引っ張られることは間違いなかったそうなんだよ」

「そうか、田所が出ていけば、吉兼が准教授になることは、まあ、間違いないんだろうな」

「まあ、そういうことだな。しかしなにか、オマエは吉兼が自殺では困るわけか?」

「困るってことはないが、ちょっとスッキリしないんでな。で、他に何か変わったことはないのか?」

「いや、自殺を疑わせるものは何もないな」

「そうか、しかし、自殺と決めるのは慎重にした方がいいのではないかな?」

「ああ、そうだな。しかし、他に調べようがない」

「ところで、死んだのはいつごろなんだ?」

「はっきりしたことはわからないが、土曜日の夜くらいではないかということだ。とにかく解剖待ちだな」

「そうか。とにかく毒物が分かったら知らせてくれ」

「おお、いいよ、じゃな」


ほどなく水銀から電話が入った。

「おお亜澄か？　解剖の結果、死因は土曜日の六時から八時ごろとわかったよ。それに毒はショウコウだった」

「そうか。化学の研究室にあっても不思議ではない試薬だな。しかも鍵は部屋の中にあったんだよな」

念を押した後に亜澄が言った。

「よし、犯人はわかったぞ」

「なに！　犯人がわかった？　誰だ？」

水銀が咳き込むように聞いた。

「ああ。わかった。しかし、犯人を教える前に一つ調べてもらいたいことがある」

「お安い御用だ！」

みなさん、安息香です。亜澄先生はこのように言っていますが、果たして依頼した調査の結果が出れば犯人はわかるのでしょうか？　皆さんはどのようにお考えでしょうか？

トリック解明編

本事件は同じ研究室の田所准教授の他殺、吉兼助教の自殺が連続して起こったものだった。しかも、吉兼は遺書を残しており、そこには自分が田所を殺害したとの自白が書いてあった。しかし、この遺書はワープロで打ったものであり、本人のものであるかどうかには疑いの余地もあった。しかも、吉兼のマンションは施錠してあり、密室状態であった。

亜澄の推理は吉兼の自殺の解明から始まった。なぜ、吉兼は田所を殺したのか？　関係者は吉兼に田所を殺す理由はないと言う。だとしたら考えられるのは、吉兼の遺書は第三者の書いたものとなり、当然、吉兼の死も自殺ではなく、第三者による他殺ということになる。第三者は誰か？

吉兼はショウコウによって自殺した。ショウコウは実験にも使う試薬であり、薬学部なら研究室に置いてある可能性が高いが、毒物なので、毒物保管庫に入れて厳重に管理されてあるはずである。

そこで、亜澄は水銀に調査を依頼した。それは毒物保管庫のカギに着いた指紋の検査である。特に指紋の上下関係に注意するよう頼んだ。もう一つは学生の実験ノートの調査である。実験ノートには実験に使用した薬品の種類、量が正確に書いてある。

水銀からの調査結果は次のようなものであった。

毒物ロッカーの鍵の指紋を調べたところ、いくつかの指紋が検出されたが、最も上に着いていた、すなわち、最も最近ついた指紋が八木の指紋に一致した。また、研究室全員の実験ノートを押収して毒物の使用状況を調べたところ、最後に毒物を使ったのは八木ではなく、修士の学生であることがわかった。しかし、その学生の指紋は八木の指紋の下になっていた。すなわち、八木は実験に関係なく毒物ロッカーの鍵を開けたことになる。

これで、吉兼をショウコウで殺したのは八木であることがほぼ確実である。

しかし、密室の謎があるが、これも亜澄の推理で解決した。すなわち、八木は吉兼のマンションに行くときにシリコン樹脂と低融点金属を持っていったのである。そして、シリコン樹脂を使って鍵の鋳型を作り、そこに低融点金属を流し入れて鍵のコピーを作ったのである。このことは、鑑識の調査で、吉兼の鍵に微量のシリコン樹脂が付着していることが見つかったことから証明された。

以上の事実から亜澄は犯行を次のように推定した。すなわち、土曜日の午後、八木は吉兼に電話した。ドクター論文を書いているが、わからないことが出てきた。至急教えてもらいたいとかの口実であろう。吉兼のマンションを訪ねた八木は、隙を見て吉兼のコップにショウコウを入れた。吉兼が倒れるのを待って、ワープロに犯行を自白する遺書を書き出した。

マンションのカギを見つけ、コピーを作った。持参した小型の鍋に低融点金属を融かし、シリコン樹脂で採ったかぎ型に流してコピーを作るのに十五分は掛からなかった。台所を片付け、マンションを出て鍵をかけて逃げた。というものである。

以上のことは、田所の殺人も八木が行ったことを意味する。

しかし、八木にはアリバイがある。水銀は八木を重要参考人として警察に呼び、アリバイをただした。八木は自分がその列車に乗ったことは、見送りに来てくれた同じ研究室の修士、大隈昭夫が確認していると供述した。すなわち、この日、八木と大隈はたまたま一緒に横浜にいたので、大隈がホームで八木を見送ったのだ。八木は予定通り岡山のホテルに泊まり、翌日十時からの講演を行っていた。

亜澄はこのトリックも簡単に見破った。大隈はなぜ八木を見送ったのか？　普通、学会に行くからといってわざわざ見送る者などいるはずがない。大隈が見送らなかったら八木が土曜日の5時に新幹線に乗ったというアリバイは成立しない。七時に田所を殺してから出発しても翌日の岡山の十時からの講演には充分に間に合う。大隈は八木が列車に乗り、その列車が発車するところまでは確認しなかったのではないか？

亜澄の指摘を受けて、水銀が大隈に確認した。その結果、八木と大隈の横浜行きは、研究打ち合わせだったことがわかった。すなわち、横浜産業大学の佐久間教授を訪ねたのだ。大隈は田所の指導を受けてはいるが、直接、実験の面倒を見るのはドクターの八木だった。佐久間教授へのアポは八木が取ってくれたという。

二人が横浜駅に着いたのは発車十五分ほど前だった。八木が新幹線ホームに入ったのを見送って大隈は駅を出た。つまり、大隈は八木の出発するのを見てはいなかったのだ。これで八木のアリバイは崩れた。

しかし、八木は頑強に犯行を否認した。警察も、握っている証拠は状況証拠ばかりであり、攻めあぐねていた。水銀はまたも亜澄に助けを求めた。

「そうか。八木は否認しているか？　それは困ったな。毒殺ってのは直接証拠が乏しいからな。容疑者が否認すると、それを覆すのは大変だ」

「そうなんだよ。それでこっちも困ってるんだ」

「八木が吉兼に毒を飲ませたことがわかればいいんだな？」

「それはそうだが、そんなことがわかるのか？」

「もしかしたらの話だが、吉兼のパソコンに何か隠してあるかもしれないな」

「なに？　パソコンに遺書以外の何か事件に関係あるものが入っていると言うのか？」

「ああ、吉兼はとにかく几帳面な人だったようだからな。パソコンになにかヒントが隠されているかもしれないぞ」

吉兼のパソコンがすべてを明らかにした。すべてを管理しないでいられない吉兼は、自分のスケジュールをも完全に管理していた。ほとんどライブに近い状態で、パソコンに日記をつけていたのだ。八木から電話があったことも、その八木がこれからマンションに訪ねてくることも、すべて逐一正確に打ち込まれていた。

さすがの八木も観念して、すべてを自白した。

八木の自白によると、田所殺害の犯行は次のようなものであった。八木は横浜で大隈と別れた後、岡山行きの新幹線には乗らなかった。大隈が居なくなったのを確認すると東京に行き、田所のマンションを訪ねた。田所の油断を襲って、持ってきたハンマーで頭を叩いた。その後、物盗りの犯行を装うため、台所からフライパンを持ってきて田所の脇に転がした。部屋を荒らし、財布を盗んだ。

吉兼を殺した動機は、田所の殺人を吉兼に見破られたと思ったことだった。すなわち、吉兼は田所を殺したのは八木ではないかと疑い、研究室の学生にいろいろと聞いていた。八木を見送った大隈に対しても同様だった。しかし、大隈は吉兼にいい思いを持っていなかった。その吉兼が、事もあろうに自分の面倒を見てくれる八木のことを嗅ぎまわるのが不愉快だった。大隈は、吉兼に聞かれたことをすべて八木に伝えた。

八木はすべてを理解した。吉兼に見破られた。こうなったら吉兼を殺す以外ない。どうしよう？　吉兼は田所の件で警察に嫌疑を掛けられたようだ。それなら、田所は吉兼が殺したことにして、それを苦にして自殺したことにすれば一石二鳥だ。八木はそう思ったのだった。

【毒の特性と種類】

ここでは毒薬としてショウコウ、塩化第二水銀$HgCl_2$が使われた。塩素Cl_2と水銀Hgが化合した塩化水銀には2種類ある。1つはここで登場した塩化第二水銀であり、もう1つはカンコウと呼ばれることもある塩化第一水銀Hg_2Cl_2である。水銀化合物には毒性の強いものが多く、カンコウも毒性があるが特に毒性の強いのはショウコウである。

毒性の強弱

カンコウとショウコウを比べると、ショウコウの方が毒性が強いと説明した。「毒性が強い」とはどういうことだろう？　毒には強い毒と弱い毒があるのである。

○毒とは？

毒とは何だろう？　毒は、人を殺す物質と考えられる。では、人を殺すとはどういうことだろう？　青酸カリやヒ素は人を殺すから、たしかに毒であろう。それではお酒は毒であろうか？　入学式のシーズンになると、お酒の一気飲みで命を失った若者のニュースがテレビに出る。しかし、お酒は一般には毒とは認められていない。

ギリシアの格言に「量が毒をなす」というものがある。物質は何であれ、たくさん摂取すれば毒になる、という考えである。真実であろう。お酒だけではない。砂糖だってたくさん摂取し続ければ糖尿病になって命を縮める。2007年、アメリカのカリフォルニア州で行われた水飲み大会で準優勝した女性が帰宅した後に死亡した。死因は「水中毒」であった。

表は、毒の強弱と、命を失うまでに摂取する量との一般的(常識的)な関係を示したものである。水や砂糖は無毒と分類される。お酒は灰色から、種類によっては黒に近いのかもしれない。

○LD_{50}

毒の強さを表す指標がある。1つは経口致死量である。これは成人が、「この量だけ飲んだら死んじゃうよ」という量で、もちろん、経口致死量が少ない方が、強毒である。

◉人に対する経口致死量

毒の強さ	量
無毒	15gより多量
僅少	5～15g
比較的強力	0.5～5g
非常に強力	50～500mg
猛毒	5～50mg
超猛毒	5mgより少量

しかし、毒の効き方には個人差があるのではなかろうか？　酒にだって強い人もいれば弱い人もいる。もしかしたら、経口致死量以下の量で死ぬ人もいるかもしれないし、経口致死量の2倍を飲んでもぴんぴんしている人もいるかもしれない。そこで、科学的、統計的に有意義な指標が定義された。それが半数致死量LD_{50}である。

● LD_{50}の定義

これは、毒物をたとえば１００匹の検体（マウスなど）に飲ませるのである。飲ませる量が少ないうちは死ぬマウスはいない。しかし、量を増やすと死ぬマウスが現れる。この量を最小致死量という。そして、ある量に達すると検体の50％、すなわち50匹のマウスが死ぬ。この量を半数致死量LD_{50}というのである。さらに量を増やすと、すべての検体が死ぬ。これを全量致死量という。

◉毒の強さを表す指標

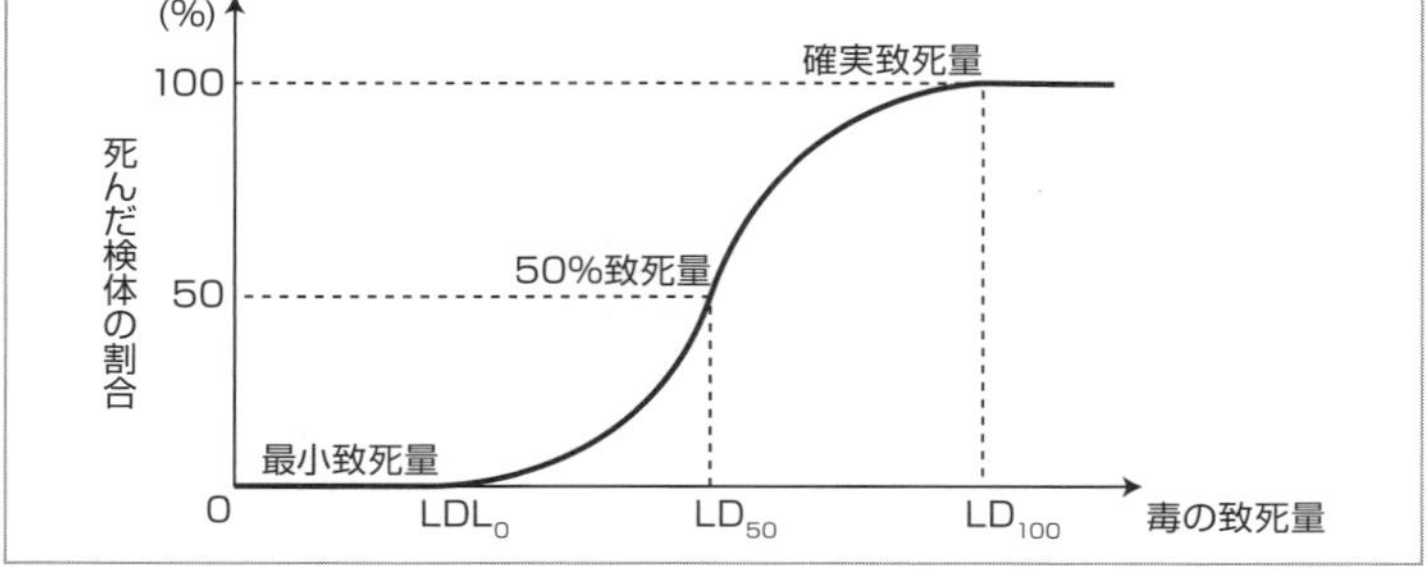

ただし、この量は小動物のマウスなどに対しての量である。人間に適用するためには、少なくとも体重差は考慮しなければならない。ということでLD_{50}は体重1kg当たりの数値で表される。人間に援用するためには体重を掛ける必要がある。

毒の強弱を表すにはこのLD_{50}を用いるのが、科学的な態度である。しかし、残念なことに、すべての毒物に対してLD_{50}が測定されているわけではない。そのため、文献ではLD_{50}と経口致死量が混在することになる。

●LD_{50}の問題点

しかし、LD_{50}にも問題がないわけではない。それは当然のことながら、検体が人間ではない、ということである。毒に対する感受性には個人差がある。ましてマウスと人間の間に差がないはずはない。LD_{50}にはこのような考慮は一切、加えられていない。すなわち、LD_{50}はあくまでも目安に過ぎないということである。これを間違えると痛い目に合うことになる。

もう1つは、マウスにもいろいろの種族、〝株〟があるということである。遺伝的にある種類の物質に強い種族もあれば、反対に弱い種族もある。これを意図的に〝悪用〟すると、特定の毒物のLD_{50}を操作することができることになる。

○毒のランキング

下図は何種類かの毒物を、LD_{50}の順に並べたものである。LD_{50}の少ないもの、すなわち上位のものほど強毒である。

上位2種はどれも細菌の出す毒である。LD_{50}の量は他の毒に比べて桁違いに小さい。すなわち、桁違いに強力な毒なのである。リシンは最強の植物毒である。聞きなれない毒素かもしれないが、ヒマシ油といえば、ご存知の方もおられよう。下剤として有名であるが、工

◉毒の強さランキング

順位	毒の名前	致死量 LD_{50}（μg/kg）	由来
1	ボツリヌストキシン	0.0003	微生物
2	破傷風トキシン	0.002	微生物
3	リシン	0.1	植物（トウゴマ）
4	パリトキシン	0.5	微生物
5	バトラコトキシン	2	動物（ヤドクガエル）
6	テトロドトキシン（TTX）	10	動物（フグ）／微生物
7	VX	15	化学合成
8	ダイオキシン	22	化学合成
9	d-ツボクラリン（d-Tc）	30	植物（クラーレ）
10	ウミヘビ毒	100	植物（ウミヘビ）
11	アコニチン	120	植物（トリカブト）
12	アマニチン	400	微生物（キノコ）
13	サリン	420	化学合成
14	コブラ毒	500	動物（コブラ）
15	フィゾスチグミン	640	植物（カラバル豆）
16	ストリキニーネ	960	植物（馬銭子）
17	ヒ素（As2O3）	1,430	鉱物
18	ニコチン	7,000	植物（タバコ）
19	青酸カリウム	10,000	KCN
20	ショウコウ	0.2～0.41(LD_0)	鉱物　$HgCl_2$
21	酢酸タリウム	35	鉱物　CH_3CO_2Tl

『図解雑学 毒の科学』船山信次著（ナツメ社、2003年）を一部改変

業用にも重要な油であり、世界で年間60万トンが生産されるという。ヒマシ油はトウゴマという植物のタネから搾り取るが、残差に含まれるのがリシンである。妊婦はヒマシ油を用いない方がよいといわれるのはそのせいである。ただし、ヒマシ油を生産するにはタネを加熱する。そしてリシンはタンパク質なので、加熱されると変性して毒性を失う(ことになっている)。

タバコに含まれるニコチンと、サスペンスで有名な青酸カリの順序も注目に値する。この表を見る限り、ニコチンの方が強毒なのである。昔は、「紙巻タバコ3本で人を殺せる」といわれたそうである。毒物は身近なところにあるという良い例である。

表によれば、ダイオキシンの毒性が非常に強いことになっているが、この数値は見直しが必要との説もある。

金属元素の種類と毒性

表に見るように、毒には細菌毒、植物毒、動物毒、鉱物毒など、実にいろいろの種類がある。それぞれに興味深い性質、作用機序《さようきじょ》を持っているが、本話では鉱物毒のショウコウが用いられた。そこでここでは金属の毒性、特に重金属の毒性について見ていくことにしよう。

○金属元素と生命活動

宇宙や地球上に存在する物質の種類は無数といっていいだろう。そして、これらの物質はすべて元素からできている。ところが地球上に安定に存在する元素は90種類ほどに過ぎないのである。そして、そのうち70種類ほどは金属元素である。金属元素の種類がいかに多いかがわかる。

ところが、生体を構成する主成分は水を除けば有機物である。有機物の主成分は炭素C、水素Hである。そのほかに少量の酸素O、窒素N、硫黄Sを含む。生体がいかに特殊なものかがわかるだろう。しかし、量は少ないが生体の中にも金属元素は存在する。そして、その金属元素は酵素の成分として重要な機能を発揮しているのである。生体は金属元素なくして、円滑な生命活動を行うことはできない。

これはすなわち、金属元素は生命のカギを握っているということである。金属元素が「へそを曲げれば」生命体は直ちに危険に晒されるのである。

○重金属

70種類ほどもある金属の分類法はいくつかある。金、銀、白金などの貴金属と、それ以外の卑金属などという分類もある。一般的異な分類法に、比重による分類がある、すなわち、比重が概ね5以下のものを軽金属、5以上のものを重金属とするのである。両者の代表的なものを表に挙げた。

最も軽い金属はリチウムLiであり、水の半分ほどの比重しかなく、もちろん水に浮くが、水に入れたら大爆発となる。ナトリウムNa、カリウムKも同様である。チタンTiは軽くてさびにくく、メガネのツルなどに用いられている。

鉄Fe、銅Cu、亜鉛Zn、スズSn、鉛Pbなどというおなじみの金属はおしなべて重金属である。金属は重いというイメージはこれらの金属から来たものであろう。中でも金の比重は19・3もあり、最高クラスに重い金属である。しかし、白金の比重は21・4もあり、これは全元素の中でも最高に重い方になる。

注目すべきはウランであろう。ウランには同位体があり、天然ウランの99・3%は238Uであり、これは原子炉の燃料にならない。燃料になるのは235Uであり、これはわずか0・7%しかない。天然ウランから235Uを取り去った残りの238Uは劣化ウランと呼ばれる。

劣化ウランは将来は高速増殖炉の燃料になるのかもしれないが、現在の用途は弾丸である。劣化ウラン弾と呼ばれるのがそれである。これはウランの比重に着目した物である。つまり、弾丸が重ければそれだけ運動量が大きくなり、貫徹力が大きくなる。戦車の装甲板をも貫き、爆弾にしたら地中深く突入し、敵の地下壕に達してから爆発する。

しかし、ウランは燃えやすい金属である。高熱になると燃えて気化する。２３８Ｕとて放射性元素である。戦場を放射線で汚染するとの指摘もある。

重金属の毒性

金属には有害なものがある。ニッケルによる金属アレルギーも金属の有害性の一例と見ることができる。ここでは特に重金属の害について見てみよう。

○重金属毒性の原因

重金属の毒性の原因はタンパク質の立体構造を破壊することにあるといわれている。タンパク質は多数個のアミノ酸分子が結合したポリペプチドの一種であり、天然の高分子である。

●タンパク質の立体構造

しかし、すべてのポリペプチドがタンパク質になれるわけではない。特別の、再現性のある立体構造と機能を持ったものだけがタンパク質ということになる。

タンパク質の立体構造が原因となる病気に狂牛病がある。これはプリオンという正常なタンパク質が立体構造を変化させたことが原因となって起こったものである。このようにタンパク質にとって立体構造は決定的に重要なものなのである。

その立体構造を作り、維持するのが水素結合である。これは2個のOH基あるいはSH基の間で、水素原子を仲立ちとして結合するものである。毛糸のように長いタンパク質分子のところどころにOH基やSH基があり、それが水素結合によって架橋構造を作ることによって特有の立体構造を形成し、維持しているのである。

◉タンパク質（ヒトのヘモグロビン）の立体構造

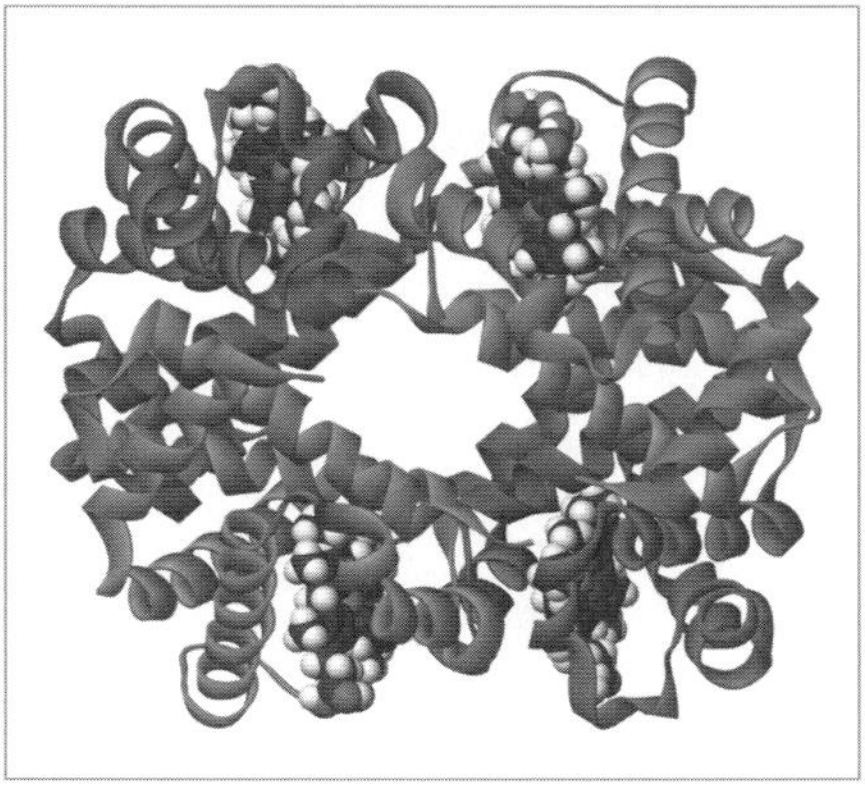

●立体構造と重金属

ところがここに重金属が来ると、重金属がSH基と結合してしまう。つまり、それまであったSH基の水素結合が切れ、結果として立体構造が破壊されてしまうのである。

なお、タンパク質は体の構造を作って焼き肉のお肉になるだけではない。各種各様の酵素となって生体のすべての機能を作用させる素となっている。このタンパク質（酵素）が変質するということは生体の機能の恒常性が失われることになり、ついには死を迎えることになる。

○水銀の毒性

毒性を持つ重金属としてよく知られたものに水銀Hgがある。水銀は神経毒であり、患者は平衡感覚が鈍り、ろれつが回らなくなり、視野が狭くなる。重くなると腎臓が障害を受け、命を失う。

●中国皇帝の毒

水銀でよく知られるのが中国で古来から用いられた仙薬

◉立体構造と重金属

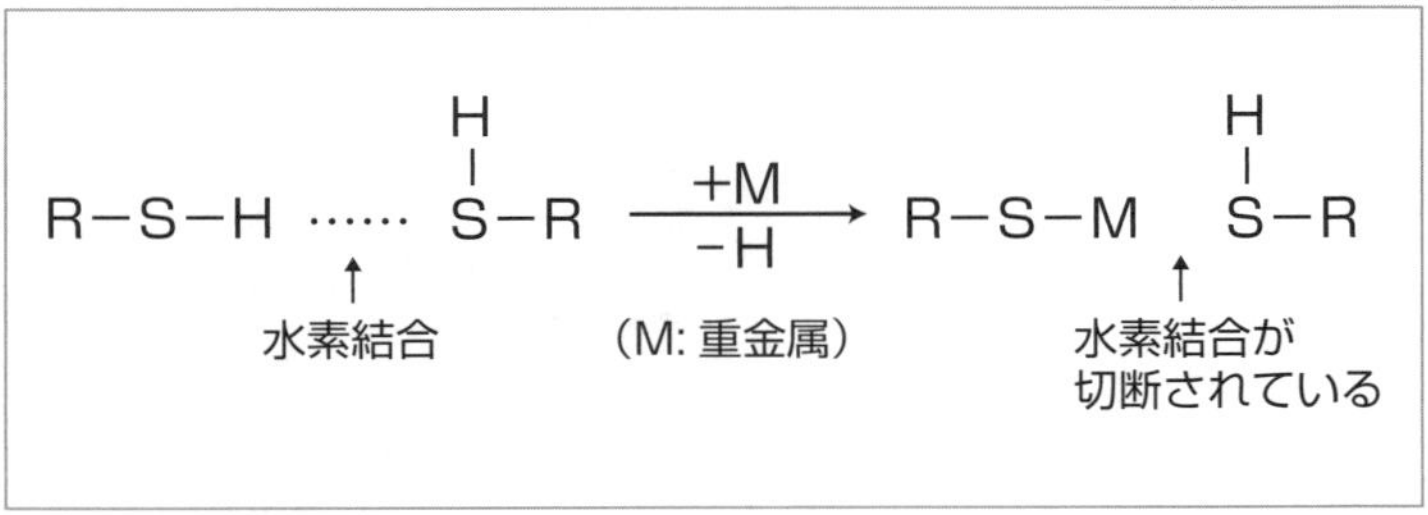

である。不老長寿の薬といわれるこの薬の主成分がこともあろうに水銀なのである。水銀は銀色の美しい液体であり、表面張力が大きいので手の平に一滴落とすと球状になって手の上で震える。ハスの葉の上の水滴のようなものである。この様子はまるで水銀が生きているように見える。しかしこれを加熱すると、酸化されて黒い固体の酸化水銀HgOとなる。すなわち、水銀が死んだようになる。ところがこれをさらに加熱すると分解して元の輝き、動きまわる水銀となる。水銀が復活、再生したのである！フェニックスである。

古代中国人はこのように考えたらしい。そこで、このような水銀を飲んだら、オレもフェニックスになれるという恐ろしいほど単純な連想から水銀を飲むことになったらしい。おかげで中国皇帝はやがて顔は土気色になり、声はしわがれ、怒りっぽくなって、人間らしさを失い、ますます〝皇帝らしく〟なっていくのである。喜ぶのはまわりにいて皇帝を操る宦官どもだけ、という構図である。文献を調べると、実際、水銀中毒に罹《かか》っていた複数の皇帝の個人名を挙げることができるという。

●奈良の大仏の毒

天平文化を代表する芸術作品である奈良の大仏は、現在はブロンズ（青銅：銅CuとスズSnの合金)むき出しでチョコレート色であるが、創建当時は金色に輝いていた。すなわち、金メッキされていたのである。電気のない時代にどうやってメッキしたのかなどと聞いてはいけない。電気メッキはメッキの一種類に過ぎない。メッキの方法はいくらでもある。

融かした亜鉛に鉄板を漬けて引き出せば、鉄板の表面に薄い亜鉛の層ができる。つまり鉄板に亜鉛メッキしたトタンができることになる。これを業界ではテンプラメッキというそうである。言い得て妙である。

大仏は、アマルガムメッキされた。金は水銀に溶けて泥状の金アマルガムとなる。これを大仏の全身に塗りつけるのである。その後、大仏の内部に入って金属に炭火を押し付けて加熱する。すると沸点の低い(３５７℃)水銀だけが蒸発して、金が残る。つまり金メッキされたことになる。この手法は今も伝統工芸の分野で用いられている。

奈良の大仏の金メッキでは金が9トン、水銀が50トン用いられたという。金の価格を１ｇ、５０００円とすると４５０億円である。当時の小国日本にとっては確かに国家的な事業であっただろう。

しかし、ここで問題にしたいのは水銀の方である。気化した水銀は奈良盆地に立ち籠って空気を汚染する。やがて雨に溶けて地中に入って土壌と地下水を汚染する。深刻な水銀公害が発生した可能性がある。水銀公害という自覚のない当時の人々は、この土地は呪われていると考えたかもしれない。唐の長安を模したといわれる平城京をわずか80年で去って、長岡に遷都したのはこのようなことも一因であったのでは、といわれる。

東大寺二月堂では3月にお水取りといわれる行事が行われる。若狭の国（福井県）から、清新な水を奈良に届けるというもので、この行の1週間ほど前には福井でお水送りの行が行われる。この行事の中心は巨大な松明を持った僧が二月堂の回廊を走り回るもので、韃靼《だったん》の行といわれる。韃靼は昔のモンゴル、タタール地方に住む人々の名前であるが、この行の名前は、当初は〝脱丹〟の行といったという説がある。丹は硫化水銀HgSである。すると、当時の人々も水銀の毒性を知っていたことになりそうである。天平は遠い昔である。

○鉛の毒性

鉛は身近な金属であるが、その害は強力である。鉛は水銀と同じように神経毒である。ハンダは鉛とスズの合金であるが、最近は鉛の代わりにビスマスなどを使ったものが主流になりつつある。

●ワインと鉛

ローマ皇帝ネロは若くして皇帝になったが、後にはキリスト教徒への迫害やローマ市外への放火など残虐非道に変貌したことで知られている。その原因の1つが鉛でないかといわれている。

ローマ時代のワインは、酸味が強かった。そこで、酸味を消すために鉛の鍋で温めた。こうするとワインの酸味の原因である酒石酸《しゅせきさん》が鉛と反応して酒石酸鉛となる。酒石酸鉛は甘い物質である。これは酸っぱいワインに甘味料を入れて酸っぱみをごまかすのではない。酸っぱみを甘味に変えてしまうのである。酒石酸が多くて酸っぱいワインほど、酒石酸鉛が増えて余計に甘くなることを意味する。

ネロはこのワインを多飲した結果、神経を侵されて性格が変貌したといわれている。

同様のことは近世のヨーロッパでも行われていた。なんと、ワインに酸化鉛PbO_2の白い粉を振って飲んでいたのである。ベートーベンは特にこのようにして飲むのが好きだったといわれる。そのため、ベートーベンの難聴はワインのせいであるとする説もある。

クリスタルグラスはその重量の最大40％ほどの酸化鉛を含む。そのため、中に入れた酸性飲料に鉛が溶け出すことを憂慮する向きもある。そのため、最近では鉛を使わないクリスタルグラスも開発されている。

白粉と鉛

昔の白粉は酸化鉛を主成分としたものであった。そのため、白粉を大量に使用した歌舞伎役者や花魁《おいらん》は鉛中毒で命を縮めたといわれる。とくに花魁は顔だけでなく、肩から胸にかけてまで塗るため、花魁を母親とする赤ん坊は白粉の混じった母乳を飲んでいた可能性がある。

また、徳川将軍家では後代になると男児が誕生せず、御三家から将軍が誕生した。これも白粉のせいではないかとする説がある。すなわち、だんだん大奥が華美になり、女性が白粉を大量に用いるようになったのが原因というのである。

重金属公害

中国の公害は目に余るものがあるが、つい50年ほど前の日本も同じような状態であった。いくつかの公害が起こり、公害裁判が起こされた。その中で、重金属が原因となったものに水俣病とイタイイタイ病がある。

○水俣病

公害がいつ起こったのかははっきりしない。気が付いたときには患者が現れ、取り返しのつかない状態になっていたというのが公害の常である。水俣病も同様である。水俣病に関しては地元の医師が「原因不明の中枢神経症」として水俣保健所に届け出た年の1956年をもって発見の年とされている。

●症状

水俣病は熊本県、水俣湾に面した町で発生した公害である。最初に異常が発見されたのはネコであったという、ネコが酔っぱらったように千鳥足で歩いたというのである。やがて人間に症状が現れ、運動感覚の異常、言語障害、視野狭窄、難聴という、今から見れば重金属特有の症状が現れた。しかし、当時の知識で重金属公害に結び付けるのは困難であり、原因不明のまま水俣病と呼ばれた。

研究が進むと、水俣病は有機水銀によるものであることが明らかとなった。地元にある化学肥料工場が触媒として用いた水銀を含んだ排水を水俣湾に排出したことが原因であった。工場が排出したのは無機水銀であり、濃度も高くはなかったが、問題は、海水中に住む生物であった。

●生物濃縮

排水中の水銀濃度は高くなくても、その水銀をプランクトン→小魚→イワシ→アジ→ハマチ→人間、というように、食物連鎖を経るうちに生物濃縮され、最初の濃度の数十万倍もの濃度に濃縮されることがわかった。また、排出された当時の無機水銀が生物の体内で化学反応を起こし、有機水銀、とくにメチル水銀に変化し、これが人間に害を及ぼすことがわかった。

同様の事件は新潟県の阿賀野川流域でも起こり、こちらは第二水俣病（または新潟水俣病）と呼ばれる。水俣病は生物濃縮の重要性を教えてくれた事件であった。

○イタイイタイ病

富山県、神通川流域の村には大正時代から不思議な病気があった。「イタイイタイ病」である。

●症状と原因

患者は農家の中年以上の女性に多く、骨が折れやすくなって、寝たきりになる。寝返りを打った、咳をした、といった程度のことでも骨が折れ、当然、骨が折れれば痛いのでこの名前が付いたというのである。昔はこの地方特有の「得体の知れない病気」ということで「風土病」として扱われた。

しかし、地元大学病院などの研究により、カドミウムCdの異常大量摂取によるものであることが明らかになった。問題は、なぜ、この地域にカドミウムの大量摂取が起こったかということである。調査の結果、この地方で収穫される農作物にカドミウムが多く含まれ、その原因は土地にカドミウムが多く含まれることであることが明らかになった。

この原因は神通川にあった。神通川の上流の岐阜県に神岡鉱山があり、亜鉛Znを採掘していた。ところが周期表に見る通り、亜鉛の同族元素にはカドミウムと水銀がある。同族元素は互いに化学的性質が似ているので、鉱物中には同時に含まれることが多い。亜鉛とカドミウムはまさしくそのような関係にあった。すなわち、亜鉛鉱にはカドミウムが含まれていたのである。

●カドミウム

しかし、当時の産業水準はカドミウムの有効利用を知らなかった。そのため、カドミウムは不要成分として神通川に廃棄されたのである。このカドミウムは流域を流れ下るうちに周辺の土壌中に浸出し、それを作物が濃縮し、さらにそれを住民の農家が食べた、というのがイタイイタイ病の原因であった。患者に主婦が多いというのは、女性がカドミウムに対してより敏感であったということのようである。

この事件は土壌汚染の怖さを教えてくれたものであった。なお、カドミウムは比重8・65、融点322℃の融けやすい重金属である。現代では、原子炉の中性子吸収材(中性子制御材)、化合物半導体の成分などとして重要な金属である。

なお、2002年にノーベル物理学賞を受賞した小柴博士が用いた実験施設「カミオカンデ」は、この神岡鉱山の採掘跡を利用したものである。

実験器具の紹介

助教の亜澄は若い教官であり研究者である。当然のことながら、学生に研究プロジェクト（テーマ）を与え、その遂行を通じて学生を指導する。しかし、それだけではない。彼は自分自身で研究プロジェクトをいくつか持ち、それらを同時進行でこなしている。

小説編で亜澄が行っていたのは滴定実験であった。滴定というのは、化学実験の初歩的な操作の1つであり、濃度未知の試料の濃度を、濃度既知の標準溶液を用いて決定する操作である。

原理

分子Xを含む濃度未知の試料の濃度を仮にxとしよう。それに対して、ここに分子Aを濃度aで含む標準試料があったとしよう。そして、XとAは1：1で反応して生成分子A_Xを作るとする。

容積V_Xの濃度未知試料に容積V_Aの標準試料を反応したところ、すべてのXとAが余すところなく反応したとしよう。これは濃度未知試料に含まれる分子Xの量xV_Xと、標準試料に含まれる分子Aの量aV_Aが等しいことを意味する。つまり、次の式が成り立つ。

$$xV_X=aV_A$$

したがって、濃度未知試料の濃度 x は、次の式で求められることになる。

$x=aV_A/V_A$

これは、未知試料濃度を、試料の容量（体積）を用いて測定する手法なので、一般的に容量分析といい、酸や塩基の濃度を計るのに用いられることが多い。

実験操作

一般的な滴定の実験装置と実験法は次のようである。

○装置

装置は次ページの図のようなものである。すなわち、スタンドに長いビュレットをクランプで固定し、中に標準溶液を入れる。ビュレットには正確な体積が刻まれており、加えた標準試料の体積を測定できるようになっている。その下に電磁攪拌機《でんじかくはんき》をセットし、その上にビーカーを置く。ビーカーの中に、体積を正確に測り取った濃度未知試料と攪拌子《かくはんし》、それと適当な呈色試薬《ていしょくしやく》を入れる。

呈色試薬は、加えた標準試料の分子Aと濃度未知試料の分子Xが完全に反応し、Aが過剰になった時点で赤や青の色を発色する試薬である。

電磁攪拌機は内部にモーターとその回転軸に直結した磁石が入っており、スイッチを入れると内部の磁石が水平に回転する。一方、攪拌子は磁石を硬質プラスチックで包んだものである。そのため、電磁攪拌機内の磁石が回転するとそれにつれて攪拌子も回転する仕組みになっている。電磁攪拌機、攪拌子とも小型のものから大型のものまで、各種揃っている。

◉滴定実験の装置

ビュレット下部のコックを開いて標準試料を下の濃度未知試料に加えてゆく。最初は勢いよく加えてよいが、すべてのXが消費されるころになったら滴下速度を落とし、呈色試薬が呈色した瞬間に滴下を停めるよう、注意しながら滴下する。

すべてのXが消費されると、その瞬間からビーカーの中には、さらに加えられたAが過剰となり、呈色試薬と反応して呈色することになる。

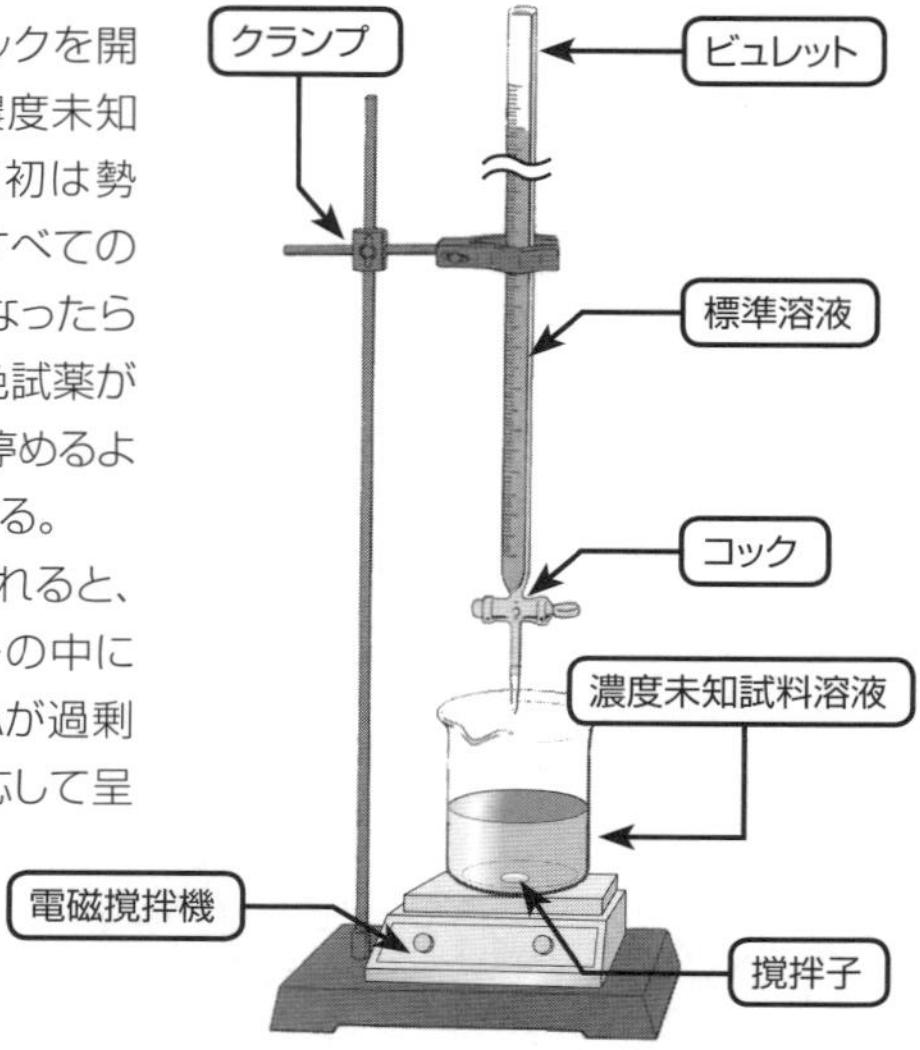

第4話

冤罪の代償

～第4話　冤罪の代償～

亜澄《あずみ》が実験室に入ると安息香《あすか》が友達と話していた。

「先生、おはようございます。高校時代の後輩です。今、うちの建築学科にいるんです」

「おはようございます。建築学科4年の早坂由紀といいます。よろしくお願いします」

「あ、おはよう、こちらこそよろしく」

「先生ご存知ですよね。建築学科の助教の先生の話。痴漢したって話」

「今村先生の話か。この前、判決が出たんだったな」

「今村先生は否定したけど、結局、有罪だったんですよね。懲役六カ月、執行猶予二年。でも、どうしてあんなことをしたんでしょう？　あの先生はすごく真面目で、学生の人気は高いんだそうですよ。ねー、由紀、あなた建築学科だからよく知ってるでしょ？」

由紀が答えた。

「ええ、すごく真面目で、研究熱心で。みんなから好かれていたんですよ。その先生があんなことをするなんて、私ホントに信じられません」

＊1＊

今村はいつも通り、電車の吊革につかまっていた。突然、腕をつかまれ、女性の声が響いた。

「この人、痴漢です」

回りに空間ができた。今村は何が起こったのか理解できないまま駆けつけた警官によって警察に連行された。今村はきっぱりと否定したが、女性は今村に間違いないと言い張った。頑強に否定する今村は十日間拘留され、その後、起訴された。

裁判が始まった。証人もいないまま、女性の言い分だけが通り、今村は有罪となった。懲役六カ月だったが初犯なので二年の執行猶予が付いた。今村は直ちに控訴した。しかし、大学にこれ以上の迷惑を掛けるわけにはいかず、今村は大学を辞職した。

＊2＊

それから二カ月ほどたったある夜。事件は起こった。テレビで九時のニュースを見ていたマンションの一階の住人がただならぬ音を聞いた。ベランダに出てみたところ、べランダのフェンス沿いの芝生に黒っぽい大きな物が横たわっていた。よくみると人間だった。住人はあわてて警察と消防署に電話した。

救急隊が駆けつけたが、その人間は即死状態だった。警察の調べが始まった。遺体は十一階に一人で住む秋山美智であることがわかった。警官が十一階に駆けつけた。入り口は施錠されず、ベランダのサッシは開いたままになっていた。ベランダには鋳物製のテーブルセットが置いてあり、その上の物干し竿に洗濯物が干してあった。

リビングのテーブルには半分ほど残ったワインボトルが置いてあり、一個だけ出ていたワイングラスはほぼ空になっていた。秋山は一人でワインをボトル半分ほど空け、その後ベランダに出て、椅子の上に乗って洗濯物を外そうとして誤って落ちたものとみられた。遺体が手にした下着もそのことを物語っていた。

秋山は二十七歳の独身女性で都心のスナックに勤めていた。スナックのママによれば、秋山はその夜は非番であったという。自殺の可能性も否定できないが、ママの話では、秋山が自殺を考えるほど悩んでいたとの話は出なかった。ただ、一年ほど前に痴漢事件の被害者となり、その裁判が三カ月ほど前に終わってホッとした様子だったことがわかった。

担当刑事の水銀《みずがね》は何気なくサイドボードに目をやった。電話が置いてあり、メモ用紙が置いてあった。そこには今村、清水、8:30と書いてあった。8:30が事故のあった夜の八時三十分だとしたら、事故の直前である。事故と何らかの関係があるかもしれない。

調べてみると、メモにある〝今村〟は痴漢事件の加害者と同姓であることがわかった。念のため、今村に任意で事情を聴いたところ、今村は秋山に電話したことはないといった。今村にはアリバイがあった。すなわち、控訴審に備えて、その夜八時から九時ごろまで弁護士と弁護士事務所で打ち合わせをしていたのだ。

もう一人の人物である〝清水〟は何者か？　スナックのママによれば、スナックに来る客に清水という人物がいるそうだが、その清水とメモ用紙の清水が同一人物という保障はどこにもない。結局、清水という人物に関する情報は途絶えた。

＊3＊

ある日の昼の学生食堂である。独身の助教である亜澄は、昼食を学生食堂でとることが多い。安息香が話かけてきた。

「先生、この前、会った友達の由紀ですけど、研究室の事務の女性が先週から欠勤なんですって。困ってるそうですよ」

「働いている人は誰だって年休を取る権利はあるんだから、しようがないだろ?」

「それが、年休届けも何も出さない無届け欠勤らしいんです。先週の木曜から来てないんですって。由紀の教授は伊藤先生っていうんですけど、建築学科の主任なので事務的な仕事が多いんだそうですよ。それで、教授が困ってるそうなんです」

「それは変だな。学科主任の研究室の事務官が無届で4日も5日も休むってのはあまり聞かないな。調べてみた方がいいかもしれないな」


その日の夕方、安息香のケータイに大変なニュースが飛び込んできた。安息香は亜澄の部屋に飛び込んだ。亜澄の部屋といっても、助教の亜澄は実験室を自分の部屋とし、その一角を衝立で仕切って、自分の事務机と本棚を置いているだけであった。亜澄は自分の実験台に向かって、蒸留を行っているところであった。蒸留とは、液体の混合物をその成分に分けることである。化学実験の基本的なテクニックである。

「先生、大変！　あの事務官が死んでたんですって。由紀からケータイに入ったんですけど。今日、研究室の助教の先生がマンションを訪ねたんだそうです。そうしたらお風呂で死んでたんだそうです」

「お風呂で死んでた？　なんだかよくわからないけど。もっと詳しくわからないの？」

「由紀も、それしか知らないそうなんです。警察の人が研究室に来たりして、建築学科はパニック状態だそうですよ」

「そうだろうな。それは大変な話だ。でも事情がよくわからないな。水銀に聞いてみるか？」

＊４＊

「お、誰かと思えば亜澄か、ひさしぶりだな。どうした？　元気か？」

「いま学生に聞いたんだが、うちの大学の事務官が風呂で死んでいたとかいう話だが」

「ああ、その話か？　沢野幸の件だな？　アレはお宅の大学の事務官か？　風呂でおぼれていたんだよ。風呂に入ったまま眠ってしまった事故死でないのかな？　まだ解剖してないんではっきりしたことは言えないが、外傷もないという話だからな。最近、事故が多いからな」

「なにか、そんな事故でも担当してるんか？」

「ああ、先日、マンションのベランダから落ちた女性がいてな。ワインを飲んでいたようなんだが、即死だったな。オレが調べたんだが気の毒だよ。若い美人だった」

「そうか、ワインで酔ってベランダから落ちるか？　夜景でも見ていたのかな？」

「どうも、ベランダの椅子に乗って洗濯物を取ろうとしたらしいんだな。まだ、調査中だが、今のところ、事故という見方が有力だな。しかしな、第一発見者のマンションの住人が変なことを言ってるんだな。駆け付けたとき、甘いような匂いがしたというんだ。しかし、救急車の乗員や警官は何の匂いもしなかったというんだ。それで、住人の思い違いか、あるいはワインの匂いを勘違いでもしたんだろう、ということにはなった」

「おい、水銀。それはとんでもないことかもしれないぞ。甘い匂いというのはな、もしかしたらクロロホルムの匂いかもしれないぞ」

「なんだ、クロロホルムってのは？」

「クロロホルムってのはな、麻酔作用のある有機溶媒なんだよ。無色の液体でな。揮発性が高いからすぐ揮発してなくなってしまう。だから、落ちてすぐの遺体からは匂うが、時間が経って到着した警官には匂わなかったんではないのかな？」

「おい、それは大変な話だな。もしそれが本当なら、これは事故ではなくて殺人事件じゃないか？　どうやって確かめたらいいんだ？」

「クロロホルムはすぐ揮発するし、体内にも残らないから、直接証明するのは難しい。まずは、その住人にクロロホルムの匂いを嗅いでもらうんだな」


翌日、水銀から電話が入った。

「おお、亜澄、住人は間違いなくクロロホルムの匂いだったと証言したよ。特殊な匂いで表現のしようがないので甘い匂いと言ったが、まさしくこの匂いだった、と証言したよ。これでこの件は殺人事件であることがはっきりした」

「そうか。それはよかった。殺された秋山さんもホッとしてるだろ。それはともかく、風呂でおぼれた事務官は俺と同じ大学だからな。もし何か新しいことがわかったら知らせてくれよ。まったく、うちの大学も大変だよ。この前は痴漢事件の判決があったしな」

「そうか、痴漢事件で有罪になったのはお宅の大学の助教だったな。実は、ベランダから落ちたのはその被害者の女性なんだよ」

「エエッ、何だって？　あの痴漢事件の被害者の女性が、ベランダから落ちて死んだってのか？　いや、殺されたってのか？」

亜澄が驚いて聞き返した。

「ああ、そういうことになるな。なにか変なつながりがありそうだな。助教は今村とか言ったっけ。辞職したんだそうだな。研究室が手薄になるだろう？　後釜はどうなるんだ？」

「ちょうどここに研究者総覧があるから、研究室の体勢をちょっとみてみようか？　えーと、今村は建築学科の柴山研だな。ここは教授の芝山が若いので、助教の今村と講師の清水の3人でやっていたわけだ」

「おい、待てよ、その講師は清水っていうのか？　字は清い水だな？」

「そうだよ、清水博昭、三十六歳だな。今村とは三歳ちがいだな。年からいって、そろそろ准教授になるんじゃないかな？」

「そうか、清水は准教授になるのか？　その清水の写真は手に入らないか？」

「清水の写真ならこの研究者総覧に載ってる。よかったらファックスで送るぞ」

亜澄が送ったファックスの写真を、秋山の勤めていたスナックのママに見せたところ、間違いなくこの清水であることが明らかになった。清水を任意で呼ぶことにした。

最近、秋山と連絡を取ったことはないかと聞いた。清水は、秋山とはスナックの店員と客以上の関係はなく、かつて連絡を取り合ったことはないといった。秋山の残したメモ用紙の内容を伝え、心当たりはないかと尋ねた。動揺はしたが清水は頑強に否定した。清水はしっかりしたアリバイを主張した。九時には駅前のファミリーレストランで食事をしていたというのである。レストランにいたことはレシートで確認した。九時二十分に発行されたレシートには千二百円のハンバーグ定食が明記されていた。レストランは秋山のマンションから車を飛ばしても十五分は掛かる距離だった。清水に犯行は無理だった。

水銀は教授の柴山から、清水の大学での立場などを聞き出した。それによると、近々、柴山研で准教授を持つことができるようになる予定であり、柴山は清水か今村を准教授に昇格させるつもりであった。年からいったら清水であるが、研究能力、業績、学生の間での人望、どれをとっても今村の方が優れているので、実は困っていた。そこで、学科主任の伊藤教授にしばしば相談した結果、清水には次の奮起を期待することにして、今回は今村を昇格させようということで、内々の承諾を取っていたとのことであった。しかし、今回の今村の事件と辞職に伴って、急遽、清水を准教授に承認させ、今村の後釜には、助教を公募で入れることにしたとのことであった。

亜澄は水銀に電話した。

「おお、水銀、どうだった、役に立ったかい？　あの写真」

「おお、亜澄、大いに役に立ったよ。ありがとう。例のベランダから落ちた女性だけどな。彼女、今村の被害者だけど、清水とも付き合いがあるようだな」

「清水って、うちの清水先生のことか？」

「そうだ。呼んで調べてみたんだが清水は何か隠しているようだな。それに清水は痴漢事件とは無関係なんだが、実はまんざらそうでもないんだな」

「どうして？」

「今村が痴漢事件で辞めたおかげで、清水が准教授になるそうだよ」

「そうか。だけど、それはあたりまえだろ。清水先生の方が今村先生より、ポジションも歳も上なんだから」

「いや、それがそうでもないんだな。実力から行くと今村先生の方が相当上らしいんだ。それで教授は下の今村先生の方を准教授にしようと考えていたようなんだな」

「そうか、それでは清水先生にとっては痴漢事件は救いの神ってことになるな。今村が痴漢事件を起こさなければ、清水にとっては大変なことになっていたわけだ」

水銀が続けた。

「実は、ちょっと気になることがあるんだよ。死んだ秋山の部屋の電話の横にメモがあってな。そこに8:30、今村、清水ってあるんだよ。これが気になってな。今村か清水が八時三十分に訪ねてくる、と取れるんだよな」

「なるほど、そうとれないこともないな。二人に聞いてみればいいんでないか？」

「二人とも否定した。今村はその時間、弁護士にあっていたそうで、裏もとれた」

「そうか、で清水の方は？」

「こちらもしっかりしたアリバイがあるんだな。九時には駅前のファミレスで食事をしてるんだ。レシートの発行時間からわかったんだ」

「そうか、レシートの発行時間か。それが間違いなく、その日のその時間というわけだな」

「そうだよ。落下事故の起こったのが九時ごろだが、レシートは九時二十分に発行されてんだよ。秋山のマンションからレストランまでは車でも十五分は掛かるから、清水に犯行は無理ということになる」

「それは強いアリバイだな。しかし、変といえば変でないかな？」

「なにが？」

「普通、レストランのレシートなんかとって置くか？　そんなもの丸めてポイだよな」

「そういえばそうだな。もうちょっと調べてみるかとするか」

亜澄が安息香に言った。

「水銀が困っていたよ」

「なんでですか?」

「水銀は清水先生があの夜、秋山に会っていたのではないかと思っているようなんだよ。死んだ秋山のマンションの電話の横にメモが置いてあって、それに8:30、今村、清水って書いてあったんだそうだ。実は、あの痴漢事件がなければ、今村先生が清水先生を抑えて、先に准教授になっていたようなんだ。ところが、痴漢事件のおかげで、今村先生は辞職で清水先生が准教授に昇任だろう? 水銀でなくとも、何か気になるじゃないか。水銀としては念のため、確認しておきたいんだろうよ。それで、清水先生のアリバイを調べているんだ。それによると、清水先生はその時間にファミレスにいたといって、その時間に発行されたレシートを持ってるとのことだ」

「でも、レシートなんか誰に発行されたものかわからないでしょう? 問題はちゃんとその時間に本人がファミレスにいたかどうかを確認するにはどうすればよいかという問題ですね」

「そうだ。ファミレスのアリバイを確認する何かいい方法は何か思いつかないか？」

「いま思いついたんですけどね。あるんですよ。これが」

「すごいな。さすがは安息香。頼もしいな。で、どういう方法？」

「あそこのファミレスは定食に付く小鉢料理が日替わりになってるんですよ。だから、その内容を聞けば、間違いなくその日に定食を食べているかどうかの判定に役立つのではないかしら？」

「それはすごいアイデアだ。早速、水銀に知らせてあげよう」

いかがでしょう？　今回は私が活躍できそうです。どのように活躍し、その結果を亜澄先生がどのように事件解決に結び付けたのか？　トリック編をお楽しみに。

トリック解明編

亜澄から安息香のアイデアを聞いた水銀は、清水にハンバーグ定食の内容を事細かに聞いた。清水は内容をよどみなく応えた。「小鉢にキンピラゴボウが付いた」と言った。この一言が致命傷となった。その日の小鉢は、キンピラゴボウではなかった。温泉卵だったのだ。清水の言い立てた内容は犯行の前の日のメニューであった。きっと、前日に行って下調べをしていたのだろう。これによって清水は犯行当時レストランに行っていないことが明らかとなった。

これで清水のアリバイは崩れた。清水が秋山を殺害した疑いは一気に高まった。それでは、清水はどうやって犯行時間帯に発行されたレシートを手に入れたのか？　それは相変わらず謎のままだった。

亜澄は考えた。水銀によると清水はアチコチの女と関係している。沢野もその一人である、ということになる。すると、沢野が清水に頼まれてレシートを手に入れた可能性がある。しかも沢野は学科長の事務官である。学科長の所には人事情報が集まる。事務官ならそれを知ることもできる。

人事は大学でも極秘事項だから、他の人は知らないはずだ。ところが清水は自分を置いて今村が昇進することを知っていた。それが原因で殺人事件に発展してしまったのだ。もしかしたら、沢野がその情報を清水に漏らしたことが一連の事件の発端になっているのかもしれない。もしそうなら、沢野も清水がやった可能性が出てくる。

亜澄はこの考えを水銀に伝えた。沢野の件が単なる事故ではなく、清水による殺人事件の可能性があると聞いた水銀は、一つのことを思い出した。それは沢野のキッチンに付け爪が一個落ちていたことである。この付け爪が事件解決の重要な糸口になった。

それを聞いて亜澄は考えた。もし殺人なら、被害者を風呂桶でおぼれさせるためには、あらかじめ、被害者を抵抗のできない状態にしておく必要がある。もしかしてこの殺人も清水が行ったものだとしたら、清水は第一の殺人と同じ手段を使った可能性がある。すなわち、クロロホルムである。問題はそれをどうやって証明するか？である。

第一の事件の場合は住人が匂いを嗅いでいたからわかった。しかし今回は遺体が見つかったのは匂いが消えてからの話であり、同じ証明手段は用いられない。何か他の検出手段はないか？

亜澄は考えた。クロロホルムは嗅がされたからといってすぐに失神するわけではない。失神するまでに時間が掛かるから、被害者は当然その間抵抗する。女性だったら爪でヒッカクだろう。そのために付け爪が落ちたのではなかろうか？　だとすると、付け爪に着いていた塗料がクロロホルムに溶けた可能性がある。

その溶けた塗料は、クロロホルムが揮発すればまた固まるが、そのときにクロロホルムが混じった状態で固まる可能性がある。だから、鑑識で付け爪の塗料にクロロホルムが入っているかどうかを調べてもらえば、わかるはずだ。

そこまで自問自答した亜澄は早速、水銀に付け爪を鑑定するように助言した。

翌日、水銀から礼の電話が入った。それによると、さすがの鑑識もクロロホルムの検出は無理だったそうである。しかし、それであきらめないのが警視庁の科研である。付け爪を見ると塗料の溶けた跡があった。そこでその部分の塗料を採って、原子吸光分析に掛けたところ、塩素が検出されたというのである。

クロロホルムは塩素を含む物質である。ところが、被害者の爪に残っていた他の九個の付け爪からは塩素は検出されなかった。調べたところアクリル製であることがわかった。つまり、アクリルから塩素は出るはずがないのである。したがって。落ちた付け爪から塩素が検出されたということは、その付け爪がクロロホルムに触れた可能性が高い、ということになる。

しかし、それだけで済まないところが化研のすごさである。被害者の体に残った爪から皮膚片が見つかり、そのＤＮＡが清水のものと一致したのである。

亜澄が用意した逃げ隠れのできない物的証拠と、水銀の厳しい取調べに、ついに清水は口を割った。それによると事件の全貌は次のようなものだった。

清水のアリバイ偽証を手伝ったのは沢野幸だった。清水は遊び人だった。何人かの女性とつき合っていたが沢野もそんな一人だった。あるとき沢野が清水に漏らした一言「お宅の芝山研に准教授のポストが付くようよ。だけど芝山先生は貴方でなく、今村さんを准教授に上げるおつもりのようよ」が沢野の運命を決めた。

清水は今村を陥れようと、結婚をちらつかせて秋山に頼んだ。今村の写真を見せ、今村を痴漢に仕立ててくれるよう頼んだのだ。秋山は渋ったが清水の執拗な頼みと結婚の約束に、抗しきれなかった。

一方、秋山は痴漢事件以来清水に変化を感じていた。自分を避けるようになっていた。結婚の話を持ち出しても、何の話だと言わんばかりの対応だった。腹は立つが自分も偽証をしている手前、あまり強いことも言えず、いらいらした日を過ごしていた。ある日、スナックに入ってきた客を見て秋山は驚いた。客も秋山に気づいてびっくりした。今村だったのだ。身構える秋山に今村が寄ってきた。

「あれは本当に僕じゃない。君は誰かと勘違いしたんだろう。しかし僕も大変だったが君も大変だったろう。僕は新しい職場で頑張っている。君も嫌なことは忘れて頑張ってくれ」

今村の言葉に秋山は生まれ変わった気がした。秋山は清水に自白をすすめた。清水が明らかにしないのならば私が警察と大学に説明すると言った。そんなことをされては清水の身の破滅である。清水はしばらく考えさせてくれと言って時間を稼いだ。

数日後、清水は電話で秋山がマンションに居ることを確かめたのち、マンションに訪ねた。「いろいろ迷ったが、警察に行くことにした。最後にワインを開けよう」。清水は持ってきたワインを開けた。ワインを注いだとき、勢い余ったふりをしてワインをテーブルにこぼした。秋山はキッチンへ布巾を取りに行った。物陰に隠れた清水はキッチンから戻ってきた秋山の口と鼻をクロロホルムをたっぷりと染ませたハンカチで塞いだ。息ができない状態でクロロホルムを吸わされて失神した秋山をベランダに運び、洗濯物を持たして落とした。9時だった。レストランのレシートは沢野に頼んで用意させた。

清水の犯行はそれに留まらなかった。清水は秋山が変化したように、沢野もいずれ変化するものと思った。沢野は知りすぎている。特にレストランのレシートは致命的だ。沢野が警察に漏らしたら一巻の終わりだ。後で厄介なことになるより、ここで一思いに片付けたほうが後の面倒が無い。そう思った清水は沢野をマンションに訪ね。隙を見てクロロホルムで失神させ、裸にして風呂に漬けて殺したのだった。

化学解説編

【プラスチックの化学】

今回の話では、普通では検出が困難なクロロホルムが検出されたことが事件解決の重要な糸口になった。揮発性で、すぐに消滅してしまうクロロホルムが残っていたのは、付け爪の構成成分であるアクリル樹脂、すなわちプラスチックに溶け込んでいたからであった。そこで、今回はプラスチックの化学について見てみよう。

プラスチック

スーパーの刺身のトレイ、野菜を包むラップ、ペットボトル、家電製品の外装、文房具、見渡せばプラスチックが目につく。衣服、カーテン、ゴムひも、コンセント、フライパンの柄、あらゆるところにプラスチックが使われている。

衣服、カーテン、ゴムひもを除けば、ほとんどすべてのものは「プラスチック」として、「同じようなもの」として扱われてしまう。しかし、これはすべて同じ種類のものなのだろうか？　衣服、カーテン、ゴムひもは、プラスチックではないのだろうか？

○プラスチックとは

プラスチックは日本語でいえば合成樹脂である。「合成」とは人間が作り出したものである。「樹脂」とは松ヤニのように、低温では固まって固体であるが、高温になると融けて軟らかくなるものである。

樹脂は化学的には高分子の一種である。高分子というのは、分子量の高い（大きい）分子という意味であり、非常に大きな分子のことをいう。しかし、大きな分子にもいろいろある。20世紀初頭すでに高分子は小さな単位分子が集合したものであることはわかっていた。問題は、その単位分子が単に集まっているだけなのか、それとも互いに結合しているのかということであった。多くの化学者は前者であろうと考えていたが、結局、化学史に残る凄絶な化学論争の結果、高分子とは小さな単位分子が多数個（数百個〜数万個）、共有結合で結合したものということになった。この論争の勝者（スタウディンガー：ドイツ人化学者）はノーベル賞を受賞し、今も「高分子の父」といわれている。

それでは、負けた方はどうなったのか？　負けた方も、科学的に間違っていたわけではなかった。彼らが「高分子」であると主張したものは、今では高分子ではなく「超分子」として市民権を獲得している。それだけでなく、現代化学の領域で、最も先鋭的に活躍しているといってもそれほど言い過ぎではなかろう。

○高分子の種類

高分子には多くの種類があり、その分類は困難であり、何種類もの分類法があって、それらが重層的に重なっている。ここでは最も単純でわかりやすい分類法を紹介しよう。

まず、天然高分子と合成高分子に分けられる。天然高分子は自然界に存在する高分子であり、よく知られたものとして多糖類（セルロース、デンプン‥単位分子＝単糖類）、タンパク質（単位分子＝アミノ酸）、ＤＮＡ（単位分子＝ヌクレオチド（４種の塩基））などがある。

合成高分子は大きく2つに分けられる。温めると軟らかくなる熱可塑性高分子と、温めても軟らかくならない熱硬化性高分子である。プラスチックは熱可塑性高分子の一種である。プラスチックと化学的組成はまったく同じであるが、分子集合の仕方が異

◉高分子の種類

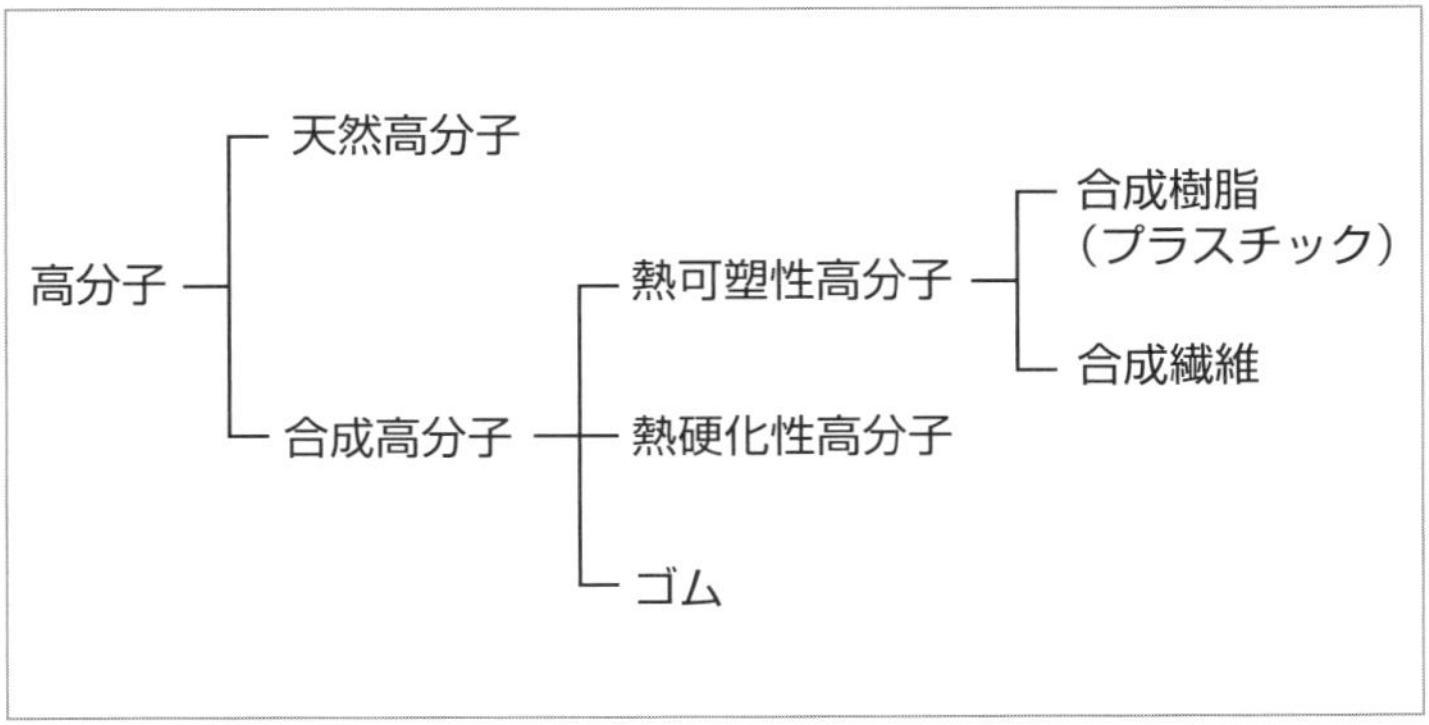

なるのが合成繊維である。

熱硬化性高分子は、温めても軟らかくならないので、「樹脂」の定義に反するということで、プラスチックに入れない研究者もいるが、一般的にはプラスチックの一種と考えられている。弾性に飛んだゴムは、一般的に熱硬化性樹脂に入れられる。すなわち、高分子の代表的なもの、プラスチックと合成繊維はともに熱可塑性樹脂なのである。

高分子の分子構造

高分子は巨大な分子である。しかし、その構造はそれほど複雑ではない。

○熱可塑性高分子の分子構造

熱可塑性高分子は、化学的にはこれ以上ないほど単純なものである。プラスチックの代表ともいうべきポリエチレンは、熱可塑性高分子の代表でもある。これの構造を見てみよう。

●ポリエチレンの分子構造

ポリエチレンの構造は、その名前が言い尽くしている。すなわち、ポリエチレンの〝ポリ〟はギリシア語の数詞であり、〝たくさん〟の意味である。そして〝エチレン〟は化学物質の名前であり、その構造は$H_2C{=}CH_2$である。ということで、ポリエチレンは下図に示したように、数千個のエチレン分子が互いに結合したものであり、($H_2C{-}CH_2$)単位が数千個連続したもの、すなわち、CH_2単位が数千個連結したものなのである。

ここで注意していただきたいのは、ガソリン、灯油、パラフィンも、CH_2単位が連続したものであるということである。すなわち、CH_2単位が少なければガソリン、少し多ければ灯油、20個程度ならばパラフィン、そして数千~数万になるとポリエチレンになるのである。つまり、ポリエチレンは灯油の仲間なのである。

熱可塑性高分子の分子構造は、鎖にたとえるのが最もわかりやすいであろう。鎖はどのように長く、どのように複雑に曲がりくねっていようと、結局はたくさんの〝ワッカ〟が繋がったものに過ぎないのである。

●ポリエチレンの反応式

$$n\,H_2C{=}CH_2 \longrightarrow {-}\!\left(H_2C{-}CH_2\right)\!{-}_n$$

エチレン　　　　　ポリエチレン

●ペットの分子構造

ペットボトルの〝ペット〟がどのような意味を持つのかご存知の方は意外と少ない。この〝ペット〟は犬や猫とは関係ない。Poly Ethylene Terephtharateの頭文字であり、歴とした化学名なのである。

作り方は下の図の通りである。すなわち、エチレングリコールとテレフタル酸が、両者の間から水を放出して結合したものである。このような結合法にはそのものズバリの名前、〝脱水縮合〟という名前が付いている。

つまり、ペットは2種類のワッカが繋がってできたということになる。

●熱可塑性高分子の成形性

熱可塑性高分子はいわば長いミミズのようなものである。互いに絡みあい、動きあっている。この運動性は温度が高くなると激しくなる。熱可塑性高分子が、高温になると軟らかくなり、可

◉ペットの反応式

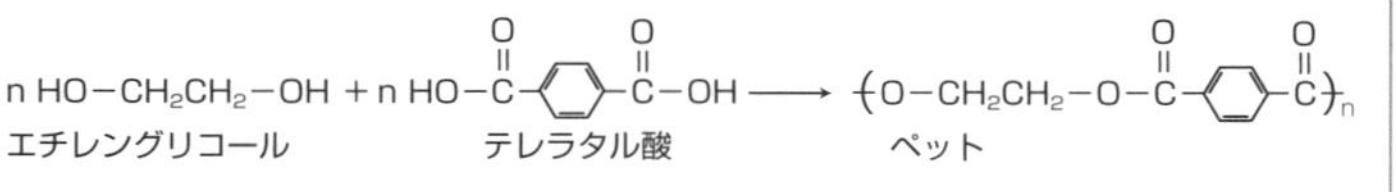
n HO−CH₂CH₂−OH + n HO−C−⬡−C−OH ⟶ (O−CH₂CH₂−O−C−⬡−C)n
エチレングリコール
テレラタル酸
ペット

塑性が出るのはこの理由である。

したがって、熱可塑性高分子を成形するのは簡単である。熱可塑性高分子の塊を加熱して軟らかくし、鋳型に入れて放冷すればよい。鋳型から取り出せば望みの形になっている。これは粘土の成形と同じことである。

○熱硬化性高分子の分子構造

熱硬化性高分子の構造は、三次元網目構造である。すなわち、製品の隅々にまで、高分子の網目構造が行き渡っている。たとえていえば、昔の蚊帳、あるいは現代の網戸の網を丸めたような構造といえばよいだろうか。

●熱硬化性高分子の合成

次ページの図に、熱硬化性高分子の例であるフェノール樹脂の合成反応を示した。原料はフェノールとホルムアルデヒドである。両者が反応すると付加体1が生成する。これにもう1分子のフェノールが反応すると2となる。これにもう1分子のホルムアルデヒドが反応すると3となる。そしてこのような反応が繰り返されると最終生成物である、網目構造の4となるのである。

◉フェノール樹脂の合成反応

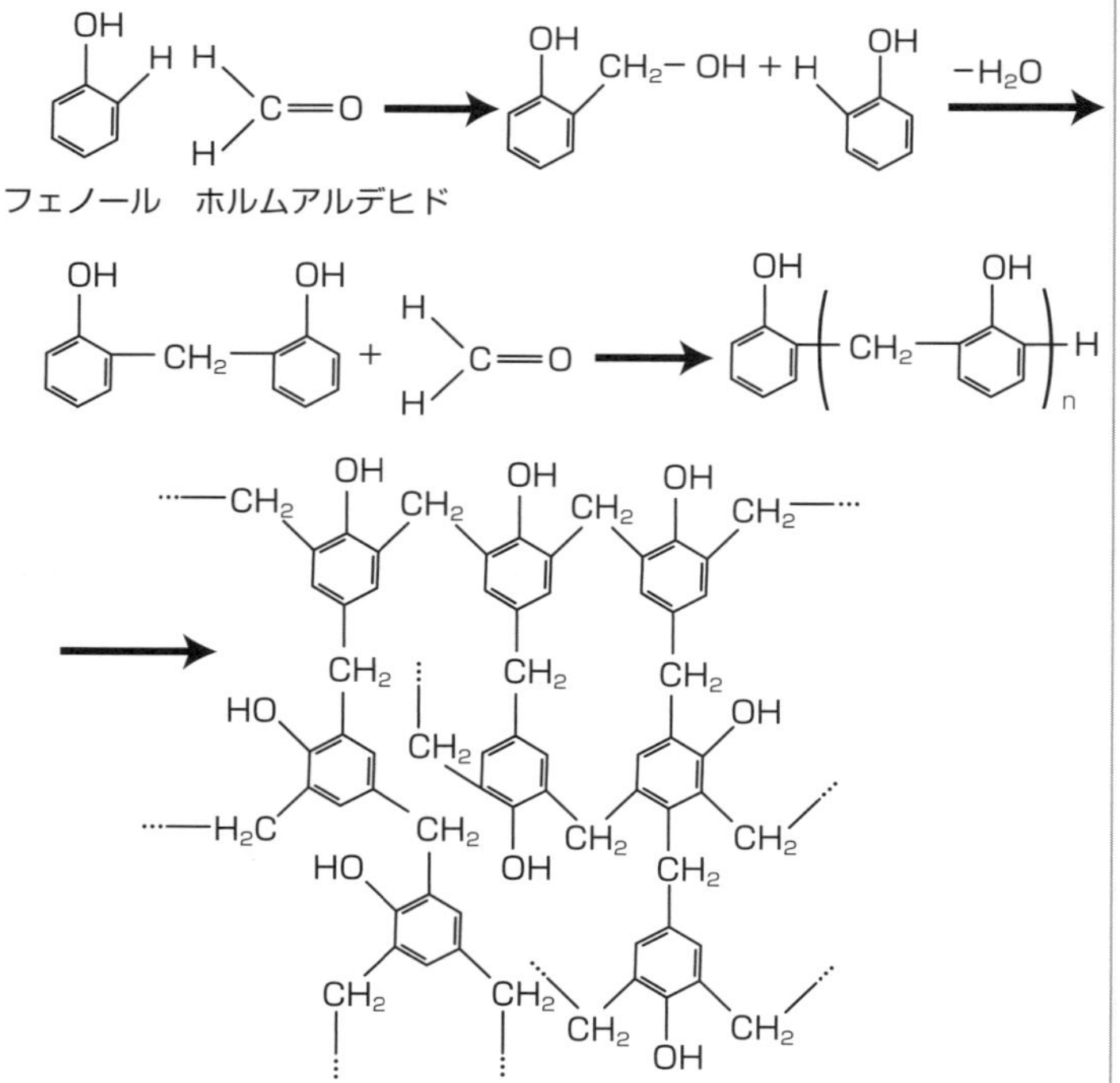

ここで注意したいのはホルムアルデヒド$H_2C=O$である。これは毒性のある分子であり、シックハウス症候群の原因物質といわれる。

しかし、最終生成物4を見ればわかる通り、どこにも$H_2C=O$という成分はない。これが化学反応である。原料分子は化学反応の過程において、完全に変質し、消滅してしまうのである。しかしまた、化学反応は100%進行するものでもない。すなわち、未反応のホルムアルデヒドが最終生成物中に不純物として残るのである。

たとえ1ppb(10億分の1)の濃度でも残れば、やがてそれは製品から放出されて空気中に浸出し、シックハウス症候群の原因となるのである。

●熱硬化性高分子の成形性

熱硬化性高分子は温めても軟らかくならない。このよう物をどうやって成形するのだろうか？　これは人形焼の原理である。

すなわち、熱硬化性高分子は完成してしまったら、成形性はない、しかし、完全な網目構造になる前の段階ならば、軟らかく、可塑性がある。いわば、熱硬化性樹脂の赤ちゃん状態である。この状態の未完成高分子を鋳型に入れて加熱し、反応を完成させるのである。すると、鋳型の形になって完成した高分子製品ができるという仕組みである。

高分子の集合状態

高分子の性質はもちろん、高分子の分子構造によって大きく影響される。ポリエチレンとペットが違うのはそのせいである。しかし、分子構造が同じなら性質も同じかといえば、そうではない。先ほど、プラスチックと合成繊維では分子の集合の仕方が異なると述べたのはそのことである。

○プラスチックの集合状態

ポリエチレンにしろ、ペットにしろ、熱可塑性高分子の分子構造は毛糸のような長い分子であり、その形から高分子鎖と呼ばれる。プラスチックはこの高分子鎖が何万本も集合したものである。下図はその様子を単純化して示したものである。

下の図には、高分子が束ねられたような形になっている部分がある。ここを結晶性部分という。それに対して、まったく規則性のない部分

◉プラスチックの集合状態

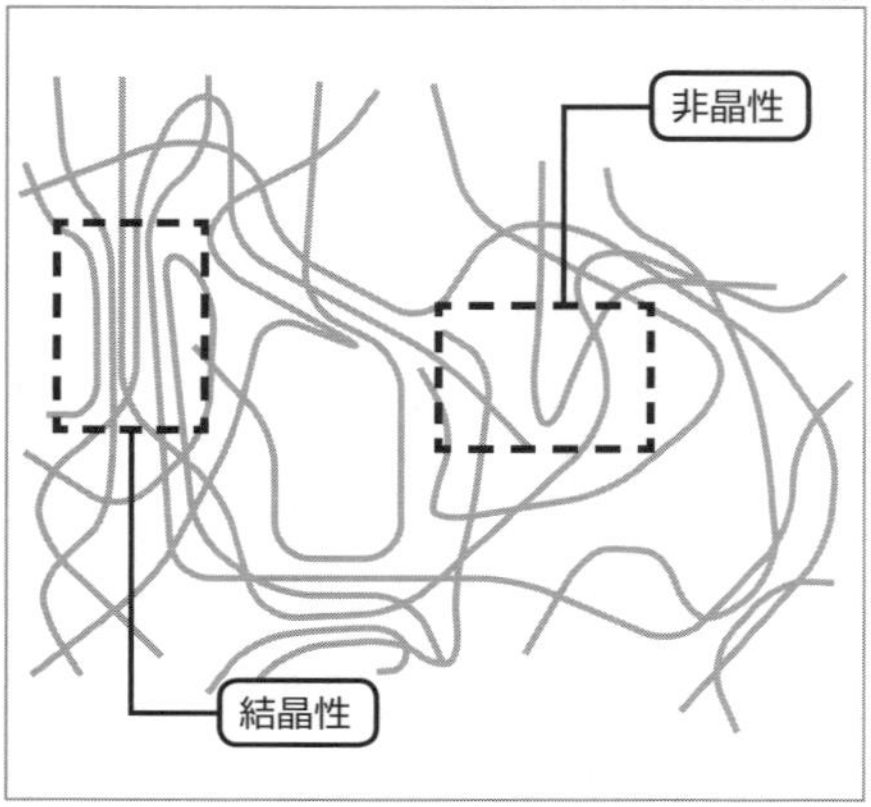

もあり、この部分を非晶性部分という。非晶性部分は分子間隔が広い。このような部分には酸素、水、あるいは小説編にあったクロロホルムなどの小分子が簡単に入り込むことができる。この結果、酸化されやすく、薬品に侵されやすくなる。あるいは、匂い分子などの小さな分子を通過させることになり、気密性が低い、などの特徴が現れる。

○合成繊維の集合状態

それに対して結晶性の部分では分子間隔は狭く、他の分子は容易に侵入できない。さらに何本もの繊維が束ねられているので、毛利元就の「三本の矢」のたとえのように機械的強度も高くなる。

これが、合成繊維の基本である。すなわち、熱可塑性分子の分子鎖をすべて一定方向に揃え、束ねた状態にしたのが合成繊維なのである。それでは、どのようにしてこのような状態にするのか？　簡単である。高温で溶融状態にある高分子鎖を細いノズルから押し出し、それを高速回転するドラムに巻き付けて延伸するのである。

この結果、プラスチックとまったく同じ高分子鎖が繊維状態になると、機械的強度が高くなり、耐熱性も高くなり、さらに耐薬品性も高くなるのである。

ペットが合成繊維となると商品名テトロンなどのポリエステル繊維となる。ペットボトルに熱湯を入れると、ペットボトルは軟らかくなる。しかし、ポリエステル繊維は高温のアイロンに耐える。この違いは分子の集合状態の違いである。

機能性高分子

高分子には多くの種類がある。高分子中で、特に人間の欲する特別の機能を備えたものを特に機能性高分子と呼ぶ。いくつかの例を見てみよう。

○高吸水性高分子

高吸水性高分子は、紙オムツや生理用品などでおなじみの高分子である。自重の1000倍ほどの水を吸うことができる。秘密は分子構造にある。この高分子は三次元の網目構造になっており、多くのカルボキシル基のナトリウム塩-COONaを持っている。網目構造はケージのようになって、吸収した水を保持する。一方、COONa

◉高吸水性高分子

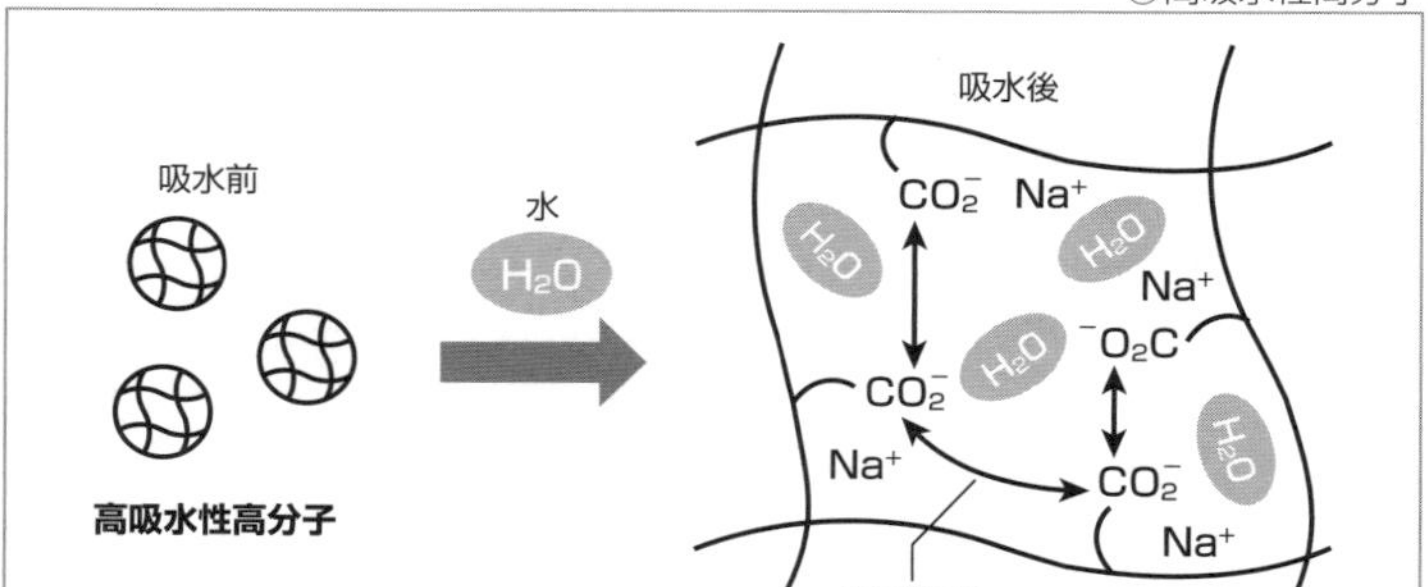

は吸収した水のせいで電離（分解）し、COO^-とNa^+になる。その結果、陰イオンのCOO^-部分同士の間で静電反発が起こり、ケージが広がり、さらに多くの水を吸収する。この繰り返しによって大量の水を吸収することになるのである。

高吸水性高分子は砂漠の緑化にも役立っている。砂漠にこの高分子を埋め、その上に植樹するのである。すると給水間隔を延ばすことができ、また、たまに降るスコールの水分を溜めておくことができるのである。

○光硬化性高分子

光硬化性高分子は液体の高分子であるが、紫外線を照射すると固まって固体に

◉光硬化性高分子

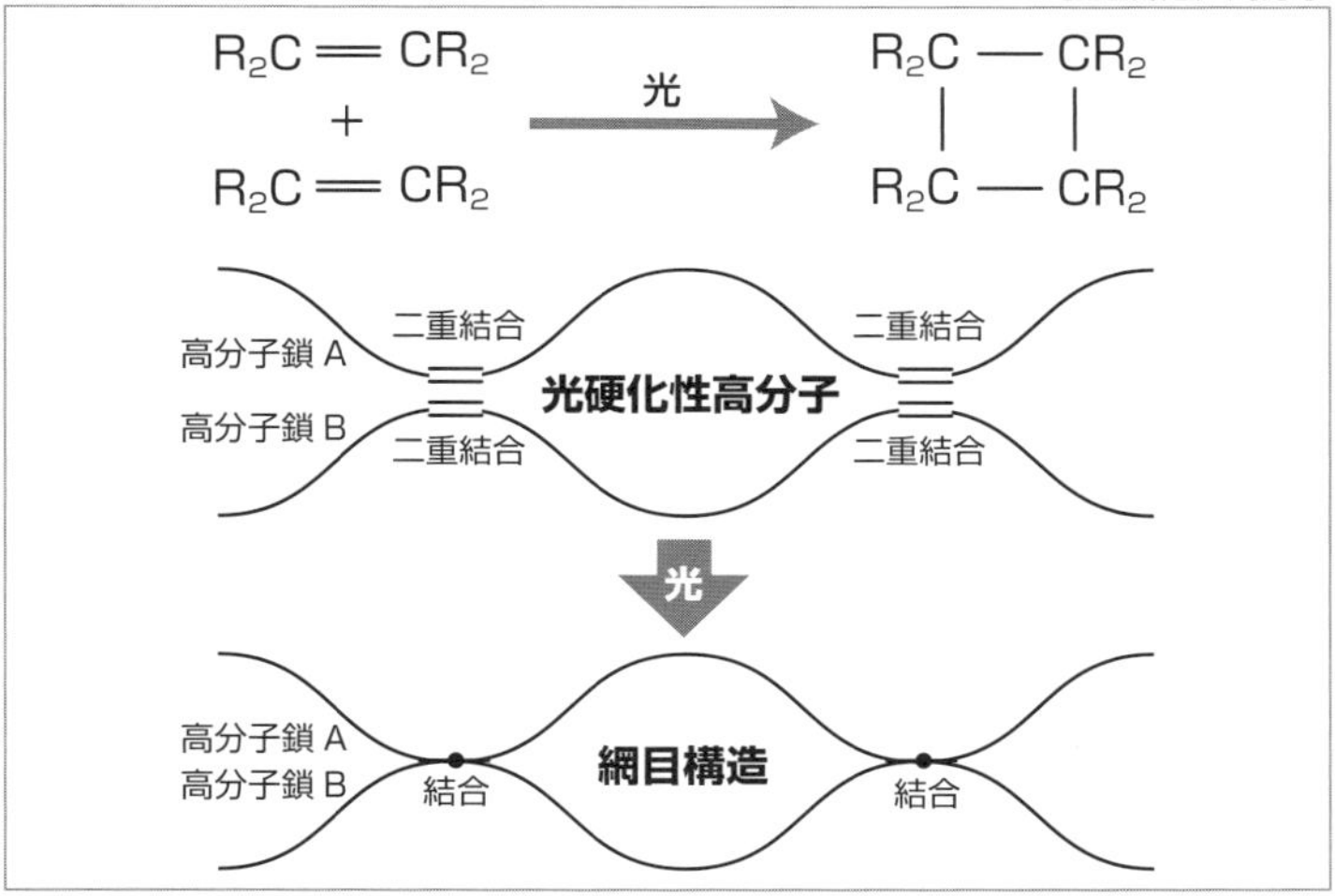

R2C ═ CR2
+
R2C ═ CR2
光
R2C — CR2
R2C — CR2
高分子鎖 A
高分子鎖 B
二重結合
二重結合
光硬化性高分子
光
高分子鎖 A
高分子鎖 B
結合
網目構造

なるというものである。虫歯の治療で、削った孔《あな》にこの高分子液体を流し入れ、その後に紫外線を照射すると孔の形に固化して、治療が終わり、ということになる。

これは光化学反応を利用したものである。2個の二重結合に紫外線を照射すると、四員環を形成する。長い高分子鎖のところどころに二重結合を入れて置く。このような高分子鎖の集合体に紫外線を照射すると、異なった高分子鎖の二重結合の間で上の四員環が形成される。これは、異なった高分子鎖が、その部分で架橋構造を作って結合したことを意味する。

すなわち、長い高分子鎖である熱可塑性高分子が、三次元網目構造の熱硬化性高分子に変化したことになるのである。

○イオン交換高分子

イオン交換高分子は、海水を真水に換えることのできる高分子である。イオン交換高分子には陽イオンを他の陽イオンに換える陽イオン交換高分子と、陰イオンを他の陰イオンに換える陰イオン交換高分子がある。左の図に示したように、陽イオン交換高分子はたとえば水中の陽イオンNa^+を、高分子に着いていた陽イオンH^+に交換する。同様に陰イオン交換高分子は水中の陰イオンCl^-をOH^-に交換する。

このような2種類の高分子をカラムに入れ、上から海水を流すと、海水中の塩分NaClが水H−OHに置き換わり、塩分のなくなった真水が下から流れ出すことになる。救命ボートに是非とも備えておきたい装置である。

○伝導性高分子

かつて有機物は絶縁体であり、電気を流さないものと考えられていた。しかし、２０００年にノーベル化学賞を受賞した白川博士の発明による伝導性高分子によってその常識は覆された。今では電気を流す有機物どころか、超伝導性を持つ有機物まで作られている。

伝導性高分子はアセチレンを単位分子としたポリアセチレンからできている。しかし、このままでは伝導性を持たない。

◉イオン交換高分子

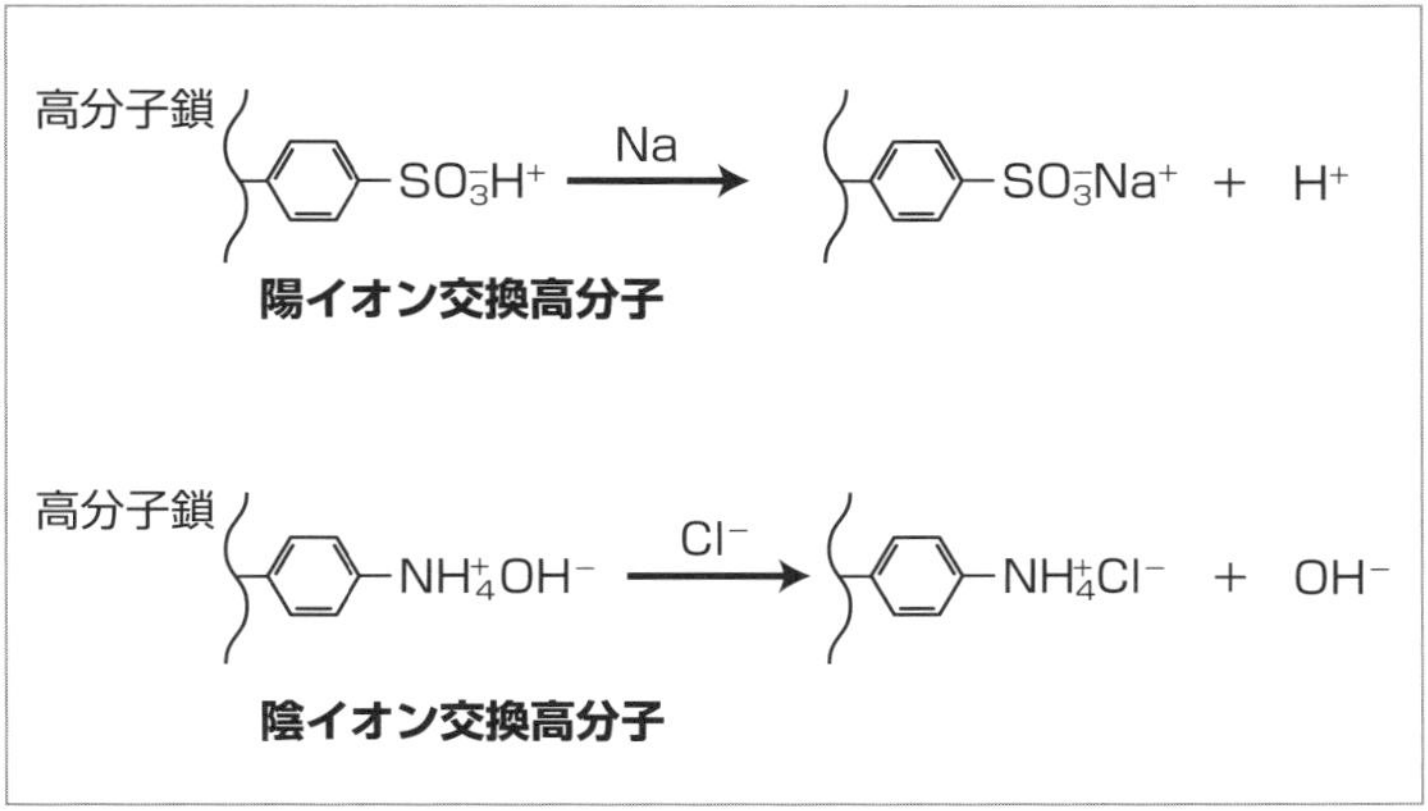
高分子鎖
SO3−H+
Na
SO3−Na+ + H+
陽イオン交換高分子
高分子鎖
NH4+OH−
Cl−
NH4+Cl− + OH−
陰イオン交換高分子

電流は電子の移動である。物体の中を電子が移動するためには、まず、①移動できる電子が存在しなければならない。次に、②その電子が移動しやすくなければならない、という2つの条件を満たす必要がある。ポリアセチレンには移動できる電子はたくさんあるので①の条件はクリアしている。

問題は②である。ポリアセチレンには電子が多すぎるのである。これでは渋滞状態の道路と同じように、電子同士がつかえて（静電反発を起こして）移動できない。この状態を緩和するためには電子を間引いてやればよい。この役をするのがドーパント（不純物）と呼ばれる物質、すなわちヨウ素I_2である。

ポリアセチレンに少量のヨウ素を加えると、電子を引き付ける性質のあるヨウ素がポリアセチレンの電子の一部を取り去り、電子が移動しやすくなるのである。

●ポリアセチレンの反応式

$$HC \equiv CH \longrightarrow H_2C{=}CH-CH{=}CH-CH\cdots\cdots CH_2$$

アセチレン　　**ポリアセチレン**

実験器具の紹介

小説編で亜澄が行っていたのは蒸留である。蒸留とは何種類かの成分が混ざった液体混合物を、その成分に分離する操作である。先に見た再結晶は固体混合物から純粋な成分を単離する操作であったが、蒸留は液体混合物から純粋な成分を単離する操作ということもできよう。蒸留は化学実験で重要な技術であり、複雑な装置を用いた高度な技術もあるが、ここでは基本的な例を見ておこう。

蒸留装置

次ページの図は蒸留の基本的な装置である。ナス型フラスコ①の上部にはト字管②と呼ばれる管が接続され、そこに温度計③と冷却管④が接続される。

ナス型フラスコ①には蒸留される混合液体試料をいれ、同時に沸騰石⑤を入れる。沸騰石は混合溶液が激しく沸騰するのを避けるためのものであり、陶器の破片やガラス管を溶融して手作りしたものが用いられる。冷却管は通常水道の蛇口につなぎ、常時冷たい水道水で冷却され続けるようにしてある。

蒸留操作

試料液体の入ったナス型フラスコ①を油浴に入れて加熱する。①の温度が液体成分のうち、最も沸点の低い成分Aの沸点に達するとAが沸騰し、気化して①の上部に達する。そのままト字管②を上昇して温度計③に接する。その結果、③にはAの沸点が示される。

Aの気体は冷却管に入り、冷却されて液体になり、冷却管を下って、受け器の三角フラスコａ入る。この状態を持続すると①にあるAはすべて受け器ａに入ることになる。すべてのAが①から出てしまうと、温度計③に触れる気体はなくなるので③の温度は下がる。このとき、受け器ａを除去して別の受け器ｂに換える。

油浴の温度を上げると、次に沸点の高いBが沸騰して気体となり、温度計③に接してBの沸点を示す。この気体が冷却されて受け器ｂに溜まる。このような操作を繰り返すと、①中の成分A、B、C、……が受け器ａ、ｂ、ｃ、……に分離されて捕集されることになる。以上が蒸留の原理である。

◉蒸留装置

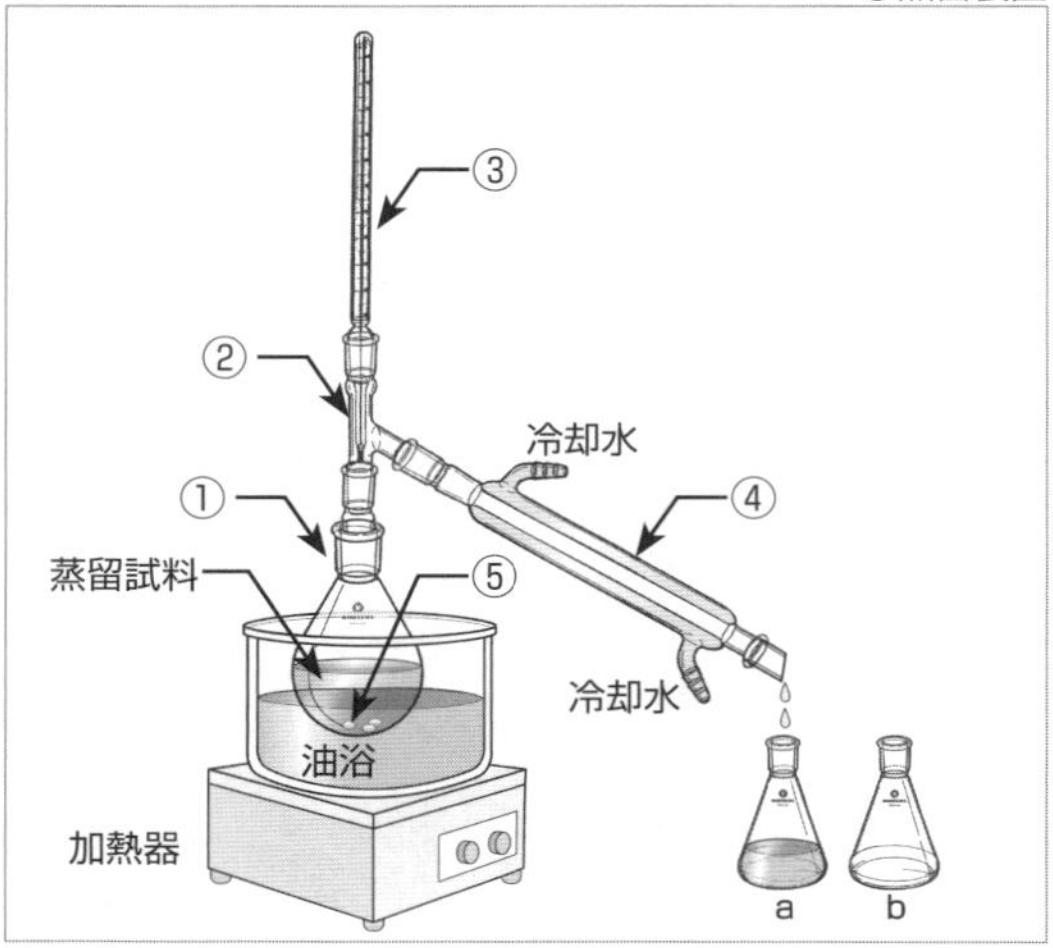

第5話

暁の炎

～第5話　暁の炎～

新学期が始まって間もない五月のある雨の日の早朝、帝都大学守衛室の非常ブザーがなり、赤いランプが点滅した。警報装置は、火元が文学部の教官棟四階であることを示していた。数人の守衛が駆け付けると、四階の廊下に赤い火が絨毯のように広がっていた。壁に貼った掲示物が燃えて廊下は赤く照り輝いていた。守衛は消防署に通報すると同時に、近くに備え付けの消火器をかき集めて消火にあたった。

発見が早かったことと、初期消火に成功したため、消防車が到着したときには火は消えており、幸い大事には至らなかった。しかし、廊下は一面に黒く煤け、教官室によってはドアの下から、火が覗いた部屋もあり、損害はかなりの額となった。

早朝のことで、当時教官棟に残っていた者はなく、失火の可能性はなかった。警察は放火の疑いで捜査を始めた。守衛が石油の燃える匂いを確認していることもあり、何者かが廊下に石油を撒いた後に火を付けたものらしいことが明らかとなった。放火である。現場にペットボトルの燃えクズが残っていた。しかし、指紋は採取できなかった。犯人の遺留品と思われるものもなかった。捜査は難航したまま、尻すぼみに過去のものとなっていった。

＊1＊

理学部に入学した大蔵知美は、2年に進んでもまだ高校で抱いていた理学部のイメージと実際の理学部の違いに悩んでいた。宇宙の真理に憧れて理学部に入った知美に対して、理学部の授業が与えてくれたものは些末な計算技術と実験技術だけだった。

そんな折、全学共通の履修科目として西洋哲学史を選んだ知美は、学びたいと思っていたものに巡り会えた気がした。講師は文学部の若い講師、磯村武志だった。磯村の教官室に質問に行った。磯村は知美の慣れない、しかし真摯な質問に丁寧に答えてくれた。若い二人にとって共感が愛に変わるのに時間はいらなかった。

知美の身に変化が起こった。妊娠に気付いたのは知美が四年になった初夏だった。磯村に相談したが磯村はそれまでとは打って変わったように冷たかった。身に覚えのないような顔をされた。あからさまに迷惑だという顔をされた。誰に相談することもなく知美は堕胎した。

それ以降、磯村は知美を避けるようになった。堕胎に伴う情緒不安定もあり、知美は磯村の研究棟に来ていた。手に持っていた灯油を磯村の部屋の前の廊下から、非常口に掛けて撒いた。非常口の外の非常階段の出口に小さな紙包みを置いた。中には実験室から持ち出したナトリウムが入っていた。ナトリウムは水に会うと爆発的に発火する金属である、そのため、通常は羊羹状の塊として広口瓶の石油中に保管する。知美はこのナトリウムを実験室から持ち出したのだった。雨は非常口を濡らし、紙包みも濡れた。ナトリウムに水が達し、ナトリウムが発火して紙を燃やした。灯油に火が着いて、廊下の中に火が入った。

磯村の教官室の前の廊下が赤く燃えるのを想像して、知美は目の前が明るくなる気がした。一人でやっていける、そんな気がした。

＊2＊

それから二年半ほどたった十二月。ここは帝都大学工学部物質工学科の園田研究室である。助教の亜澄《あずみ》は還流実験中である。還流というのは加熱の一つの方法である。フラスコに加熱したい試薬を適当な溶媒に溶かして入れ、加熱する。すると加熱された溶媒は沸騰して気体となる。フラスコの上部には冷却器がついており、気体は冷却されて液体となってフラスコに戻る。したがって、溶液の溶媒量は変化しない。一方、溶液の温度は溶媒の沸点以上に上昇することはない。つまり、試薬を溶媒の沸点温度で長時間加熱し続けることができるわけである。

実験者はオイルバスの温度を適当に設定すれば、後は時折眺めていればよいという、いわばヒマな実験である。多くの場合、傍らで、同時並行で他の実験を行うとか、文献を読むことが多い。今日は博士課程一年の安息香《あすか》が話しかけている。

「先生、昨日のニュース見ました？　うちの大学なんですよ。うちの文学部の助教と理学部の修士二年の女子生徒が心中したんですよ」

「エッ、教官と女子生徒の心中？　で、いつの話しだ？」

「昨日の昼ごろ、展望台の車の中だそうです。排ガスを引き込んでの一酸化炭素中毒だって話ですよ。先生、文学部って私の後輩がいますけど、呼んでみますか？」

ほどなくして女子生徒が安息香を訪ねてきた。

「先生、ご紹介します。私の友達、文学部、修士一年の佐伯さんです」

「お邪魔します。佐伯瑞樹といいます。よろしくお願いします」

「忙しいところ悪いね。わざわざ来てもらって。で、亡くなった先生は助教だったっけ？」

「ええ、助教の小島先生です。学生に人気のある先生でした」

「教授はどなた？」

「あそこの講座はまだ若いんですよ。教授は宇津野先生です。まだ准教授はいなくて、講師の磯村先生と助教の小島先生の三人です。磯村先生はそのうち准教授になるという噂もありました。でも、みんな、小島先生が心中なんて、ってビックリしてるんです」

「なぜ？　小島先生が心中してはおかしいの？」

「小島先生って、ほんとにまじめでカタブツなんです。あの人、恋愛なんてできるのかしら？って、わたしたち噂していたことがあるくらいなんです」

「そんなに真面目な小島先生が心中するってのは、確かにおかしいかもしれないね。どういうことなのか水銀《みずがね》に聞いて見ようか？」

＊3＊

「おう、亜澄か？　例の心中事件だろ。そろそろ何か言ってくるなと思ってたところだ」

「そうか、それなら、話が早い。で、どうなんだ？　事件の詳しいところは？」

「当事者はおたくの助教の小島彰男と女子大生の大蔵知美だ。発見されたのは昨日の昼ごろ。東部自然公園の高台にある展望台の駐車場だ。たまたま展望台を訪れた老夫婦が変な車に気付いたんだな。なんだと思って中を覗いてびっくりってわけだ。早速、警察に連絡をくれたってわけだよ。現場に行ったが、二人は死んでいたな。鑑識の調べでは、死んだのはおとといの夜6時半から7時半。死因は排ガスをホースで引き込んでの一酸化炭素中毒。ガイシャの体内からは睡眠薬が検出されたが、楽に死ねるように、死ぬ前に飲んだんだろうな。それだけだよ」

電話が終わって、亜澄が安息香と瑞樹に言った。

「と言うところだね。信じられないかもしれないけど、心中で間違いないって、ところのようだよ。ホースで排ガスを引き込んでいる以上、事故ってことはありえないんだから。心中でないとすれば殺人事件だな。変なところがあったら警察が徹底的に調べるよ。特に水銀はそういう男だからな。何かあったら、知らせてくると思う」

＊4＊

文学部棟の火災から二年半が経っていた。大学で二年半が経つということは、多くの学生が卒業していなくなることを意味する。事故のことを覚えているのは当時の一年生、すなわち、現在の四年生の生徒だけである。しかも犯人は捕まらない。いつしか大学全体が火災のことを忘れようとしていた。

火を付けた知美自身、事件は遠い夢のようなことに思えた。知美はその後、大学院を受験し、合格した。同じ大学とはいえ、文学部と理学部は距離的にも心理的にも離れている。卒業を控えた感傷的な季節には、昔の事が思い出される。磯村はどうしているのだろう？　いろいろのことはあったが、私は持ち直した。最後に別れの挨拶をしたい。知美は磯村に連絡した。

二人は図書室に付属したサンルームで会った。ここはカフェを兼ねていて、簡単な飲み物のサービスがある。読書の合間の息抜きの場として学生や教官が利用する。そればかりでなく、大学図書館を利用する一般市民も利用する。

磯村は大きく変わっていた。磯村は放火犯人は知美に間違いないと確信していた。しかし、警察に言って知美が調べられたら、知美は俺との関係を話すだろう。そんなことになっては俺にまで火の粉が掛かる。そう思って警察には何も言わなかった。

そんな娘と今さら関わり合いになどなりたくない。まして磯村には今、教授の娘との婚約が進んでいた。磯村は厄介者を見るような目で知美を見た。

「二度と呼び出さないでもらいたいな」

そう言われたとき、知美は前後を失った。

「私に放火させたのは誰？　セクハラで訴えてやる」

知美は言い放った。磯村は顔色を失った。

このとき偶然居合わせたのが、磯村と同じ研究室の助教、小島彰男である。はじめは小島も気付かなかったが、聞きなれた磯村の声に、何気なく耳を傾けた。すると、入ってきたのが、女性の甲高い声である。

「私に放火させたのは誰？　セクハラで訴えてやる」

これはただ事ではない。小島は思った。「放火」とは何のことだ？　大学で放火といったら二年半前のあの事件のことではないか？　そういえば、あのとき、一番被害が大きかったのは磯村の部屋だった。「私に放火させた」と言うのは、磯村が原因で、あの学生が放火した、ということではないのか？　「セクハラで訴える」とはどういうことだ。磯村があの女性にセクハラをしたということだろう。つまり、磯村があの女生徒にセクハラをした。それを苦にした女生徒が、磯村の部屋に放火した。ということではないのか？とんでもないスキャンダルだ。表沙汰になったら、単なるセクハラどころの話ではない。磯村は確実に大学にいられなくなる。

小島は磯村を脅迫した。小島は磯村に、准教授の席を自分に譲って大学を去るように要求した。磯村にとって飲める話ではない。飲んだら、縁談を含めてすべての社会的地位を失ってしまう。小島はいつまた次の要求を持ち出さないとも限らない。小島がいる限り、俺に平安はありえない。それに、いつまた知美がヒステリーを起こさないとも限らない。磯村には小島と知美を消す以外の選択肢は考えつかなかった。

＊5＊

水銀から連絡がはいった。

「おお、水銀、どうした？　何か新しい情報が入ったか？」

「おお、亜澄。あの心中事件な。どうも、ヘンだな。なんか腑に落ちないんだ。まず、あの二人の間の接点がみつからないってことだ。いくら秘密にしていたとしてもこれは異常だよ。それに、なんでそんなに秘密するのかの理由がない。もう一つはな、女性の衣服だよ。襟のあたりに油汚れのようなものがついてるんだ。自動車の中にはその汚れに該当するものはない。外でついたものだな。それとスカートのすそに土がついてるんだよ。変だろ?」

「ああ、変と言えば変だな。しかし、なんか面白そうになったな。いろいろ考えてみよう。何かわかったら連絡する」


亜澄は安息香に言った。

「安息香、小島先生は心中ではなかったようだぞ」

「そのようですね。すると、心中を装った殺人事件ということになりますね」

「そういうことになるな。犯人は恐ろしいヤツだ。こういうのは絶対に許せないな。ところで、水銀が言っていた油汚れと土ってのは何を意味するんだろう?」

「車の中に原因がないんですから、外でついたものでしょうね。でも、油汚れがつくなんて、どこでしょうね? しかも襟につくなんて」

「不思議だな。じゃ、スカートのすその土はどういうことだ?」

「それだって普通はありえませんよ。しゃがんだくらいでは土はつかないし」

「おい、安息香。車内心中に見せかけようとしたらどうする？　被害者の片方は車内に元からいたとしても、もう片方はどこかから連れて来るんでないか？」

「そうか。そうですね。女性は他の車から運ばれたんだ。そのときにスカートが引きずられて土がついたんですね」

「そうと考えると合理的だな。そして、その女性が運ばれるとき、トランクに入れられたとすれば、油汚れも納得できる」

「そういうことですね。これで疑問点は解決ですね。水銀さんに知らせてあげましょう」

＊6＊

それから数日後、安息香がニュースを持ってきた。

「先生、今朝のニュース見ました？」

「ああ、吉田さんのことだろ？　驚いたな。それも青酸カリだってんだろ？」

吉田というのは、全国展開している大手書店、角好の販売員である。四十歳過ぎのベテランであり、帝都大学を一人で受け持っている。亜澄も時折、本を届けてもらう。

「ニュースでは、昨夜7時ごろだったんでしょ？　駅の近くの公園だそうですね。何であんなところで殺されたんでしょうね？　青酸カリって、飲まないと死なないんでしょ？　犯人はどうやって飲ませたんでしょうね？　ジュースにでも混ぜたんでしょうか？」

「吉田さんは四十過ぎの男性だからな。公園で人からジュースをもらって飲むってのも考えにくいな」

「でも、公園で青酸カリを飲んで自殺する人がいるかしら？」

「そうだな。普通に考えれば殺人だよな。どういうことなのか、水銀に聞いてみるか？」

＊7＊

「やあ、水銀。吉田さんが殺されてビックリしてるんだが、どういうことだ？」

「そう言われても犯人が挙がってないんだから動機はわからない。ただ、死に方がおかしいんだ。青酸カリを飲むなら、普通、何かに溶かして飲むだろ？　その何か、がないんだ。ジュースもコーヒーも現場に落ちてないんだ。犯人が持ち去ったのかもしれないな」

「そうか、ってことは他殺だってことだな？」

「いま、解剖中だから、すぐにもっと詳しい情報が入ると思ってるけどな。何かあったら知らせるよ。一緒に考えてくれ」

亜澄は安息香に言った。

「警察でも困ってるようだな。問題は、どうやって青酸カリを飲ませるかってことだな」

「先生、青酸カリって、胃の酸に会って青酸ガスになって、それが肺に逆流して命を奪うんでしょ？　そういうことなら、手っ取り早く殺すんなら、青酸カリを飲ませないで、青酸ガスを吸わせればいいわけですよね」

「オイオイ、〝手っ取り早く殺す〟って、女の子の使う言葉か？　しかし、青酸ガスを吸わせるってのはいい手だと思うな。いきなり青酸ガスを吹き掛けられたら、逃げようがないからな。しかし問題は致死量だな。ガスは濃度が低いからね。致死量の青酸ガスを吸わせようとしたら、密閉した室内に充満させるようなことをしないと、殺すのは難しいな」

水銀から連絡が入った。

「やあ、亜澄か。重要なことがわかった。死因は青酸中毒。それでな、顔から青酸カリが検出されたんだよ」

「なに？　顔から青酸カリを検出？　どういうことだ？」

「いや、それでこっちも困ってるんだ。口から発見されたんなら当たり前だけど、顔の皮膚から発見されたってことだ」

「なるほど。いや、いま安息香と話していたんだが、気体だったらって言うんだよ」

「何のことだ?」

「青酸カリの溶液を霧吹きか何かで霧にして相手の顔に吹き付けるんだよ」

「なるほど、それなら相手に無理やり飲ませる必要はないな。簡単に殺せるってことだな」

「いや、それほど簡単ではない。致死量の関係で、それだけで殺すことは難しいだろうな。しかし、気絶させるくらいだったら可能だろうってことだ」

「なるほど、それで気絶したガイシャの口を開けさせて大量の霧を吹き付ければ、殺すことも可能ってことだな。なるほど。これは凶悪殺人事件だな。後は警察に任せてくれ。必ず犯人を捕まえてやる!」

「先生、さっきの話、無駄でなかったようですね」

「そうだね、水銀も喜んでたよ。水銀がいろいろ調べてくれるだろうよ。しかし、オレには犯人が見えたよ」

安息香です。亜澄先生には事件の全容が見えているようです。どのような推理で犯人が明らかになったのでしょう?みなさんも考えてみてください

トリック解明編

亜澄は考えた。心中事件と吉田の死は関係がある。登場人物の間にあまりに関係がありすぎる。心中をするとは考えられない小島の件は、偽装心中であろう。では、犯人は誰か？　磯村以外ありえない。それを吉田が何らかの事情で知ったのであろう。そこで吉田は磯村を脅迫した。脅迫に耐えられなくなった磯村が吉田を殺したとすれば、すべてのつじつまは合う。まず、亜澄は事件の大筋を組み立てた。

それでは、吉田の青酸中毒はどのように仕掛けられたのか？　青酸カリは飲ませなくてもよい。水溶液にして顔に吹き付ければ死なないまでも気絶するだろう。その後に口を開けさせて喉の奥に改めて吹き付ければいい。最近、喉の奥に薬剤を送り付ける装置がいろいろと市販されている。それを使えば問題はない。

それでは心中の件はどうなるのだ？　これは簡単だ。まず磯村が適当な口実を作って知美を呼び出し、車に乗せて展望台に行く。そこで睡眠薬でも飲まして車内に寝せて置く。改めて小島を呼び出し、小島の車で展望台に行き、そこで適当な口実で小島も眠らせる。小島の車に知美を移し、自分の車で帰ってくればいいだけである。

実はあの日、図書館のサンルームにいたのは小島だけではなかった。吉田もいたのである。吉田は小島が磯村と知美の話を聞いているのを知っていたのだ。吉田は店内でもやり手といわれるだけに、人間関係に鋭敏であった。吉田は小島と磯村の関係をよく知っていた。磯村と小島は歳は三歳違いであり、現在のポストは講師と助教である。講師と助教では地位上の違いはほとんどない。しかし、准教授となると、講師、助教とは異なる。発言力と権限が一挙に大きくなる。

現在、講師の磯村と助教の小島はほぼ対等の地位にいる。しかし、磯村には准教授への昇進話が出ている。磯村が准教授になれば、小島との差は一挙に拡大する。磯村と小島は研究領域が似ており、互いにライバル関係にある。歴史や哲学分野での業績の優劣は付けにくい。理工学部と違って、絶対的真理のない世界である。発言力の優劣、地位の優劣、知名度の優劣、そのようなものが物を言いかねない世界である。ライバル関係にある磯村が准教授になったら、助教の小島の立場は難しいものになる。

吉田はこのような二人の関係を、興味を持って眺めていた。そこに、降って湧いたような磯村のスキャンダル話である。小島がこの話を放って置くはずがない。いや、オレだって放ってはおかない。磯村に一泡吹かせてやるべきだ。そのように考えた。

そこで起こったのが、小島とあの女生徒の、わけのわからない心中事件である。吉田にはピンと来た。警察は状況証拠から心中事件と考えているようだ。しかし、これが心中であるはずがない。小島とあの女生徒との間に何の関係があるというのだ。これは磯村の仕組んだ偽装心中だ。そうに決まっている。真相は磯村による殺人だ。

あのヤロウとんでもない男だ。文学部の講師だなどと行い澄ましたような顔をしながら、裏では女生徒をだまし、その挙句に二人も殺している。見ていやがれ。俺が天罰を下してやる。そう考えた吉田は磯村を脅しに掛かった。警察に通報されたくなかったら、さしあたり百万円を明日の夜七時に駅前の公園に持ってくるように告げたのである。

磯村は脳天を砕かれたような気がした。やっと二人を片づけたと思ったら思いも掛けない伏兵である。吉田はさしあたり百万と言ったが、百万で済むはずがない。次は二百万、五百万とエスカレートするに決まっている。吉田がいたらオレは破滅だ。こうなったら、仕方がない、二人殺すも三人殺すも同じだ。

幸い、小島を殺すときに念のためにとネットで買った青酸カリがある。これを利用して吉田を始末してやろう。磯村は青酸カリを水に溶かし、薬局で買ってきた、かぜ薬を喉に吹き付けるための噴霧器に入れた。

公園に行くと吉田が待っていた。封筒に入れた百万円を渡すと吉田は背広の内ポケットに入れた。磯村はすかさず、隠し持った噴霧器で吉田の顔に青酸カリ水溶液を噴霧した。吉田は一瞬ビックリしたような顔をしたが、その顔がゆがみ、膝を崩してしゃがみ、そのまま倒れた。磯村は吉田の口に噴霧器を挿し込み、何回も何回も噴射した。吉田は痙攣を起こして、次に動かなくなった。

磯村は百万円の入った封筒と吉田の携帯電話を持って、現場を去った。

亜澄が水銀に話したところでは、心中偽装事件は次のように行われたと考えられた。

磯村は知美を呼び出した。「先日は突然のことだったので気が動転して言い過ぎた。お詫びに卒業を祝って食事をしたい」などと適当なことを言えばいい。知美は誘いに乗った。自動車に乗せ、コーヒーを出した。コーヒーには睡眠薬が入っていた。知美は寝てしまった。ひとけのない山道で車を停め、眠っている知美をトランクに移し、車は市の東の展望台近くの駐車場に停めた。

車を降り、展望台からは歩いて降りた。その後、小島に電話した。話があるから会いたいと伝えた。「自分の自動車は故障しているので、自動車で迎えに来てほしい」と、テイクアウトコーヒー店の駐車場を指定した。

迎えに来た小島の車に磯村はコーヒーを持って乗り込んだ。「わかりにくいところだが、隠れ家的な雰囲気の店を知っているからそこへ行こう」と言って運転を代わった。助手席に移った小島にコーヒーを渡した。小島は寝入った。コーヒーには睡眠薬が入っていた。

展望台に着いたのは六時半を回っていただろう。小島を運転席に座らせ、以前に止めて置いた自分の車のトランクから知美を運び出し、助手席に座らせた。テイクアウト店のカップを取り去り、代わりに、用意した知美の飲んだ缶コーヒーと同じ缶コーヒーを運転席に置いた。もちろん、睡眠薬入りである。エンジンを掛け、排気ガスを車内に誘導した。7時を回っていたはずである。磯村は自分の車を運転して帰った。以上である。

磯村は両方の事件とも頑強に否認した。水銀は小島の携帯を調べた。それは最後の連絡相手、すなわち、心中の直前に話をしたのが磯村であることを示していた。しかし、磯村は小島との電話は研究に関するものだとの一点張りを通した。

吉田が亡くなったときについてもアリバイを主張した。磯村はその時間、自分のマンションにいたと言った。ちょうどその時刻にピザの出前を取ったとのことである。裏付けを取ったところ、確かに配達の事実があった。

しかし、このアリバイは簡単に崩れた。店員に確認したところ、磯村に直接会ったのではないことがわかった。インターホンで「いま手が離せないのでそこに置いてくれ」と言われてその通りにしたことがわかった。しかも配達時間の7時は磯村の指定した時間であったことがわかった。さらに、マンションの住人を当たったところ、当日、磯村の部屋の前を八時過ぎに通った人が、入り口前の廊下にピザの箱が置いてあることを確認していた。一時間の間、手を離せない用事とは何だったのか？　磯村は説明することができなかった。トリックを作るための嘘の証言と、アリバイ工作が墓穴を掘る結果となった。

磯村の車が調べられた。トランクから知美の毛髪が検出された。さらに磯村のパソコンから青酸カリの購入記録が確認された。

化学解説編

【気体の毒物の性質】

本編では排ガスによる偽装心中事件が扱われた。排ガスの有毒成分は一酸化炭素COである。一酸化炭素に限らず、塩素Cl_2、硫化水素H_2S、青酸ガスHCN、ホスゲン$SOCl_2$など、有毒な気体はたくさんある。そこでここでは気体の毒物について、その性質、発生法などを見てみることにしよう。

物質の状態

物質は温度と圧力に応じて、いろいろの形態、性状を示す。これを一般に物質の状態という。たとえば水は低温では結晶の氷であり、室温では液体であり、高温では気体の水蒸気となる。この〝結晶〟〝液体〟〝気体〟を状態というのである。この3つの状態は基本的な状態なので特に物質の〝三態〟ということがある。

物質の状態は三態に限らない。液晶も状態の1つであり、ガラスも状態の一種であり、一般にアモルファス状態といわれる。

○三態における集合状態

下の図は三態における物質の集合状態を模式的に表したものである。1個の矢印は1個の分子を表す。結晶状態では分子は三次元に渡って規則的なの位置で規則的な方向を向いて静止している。これを位置の規則性と方向(配向)の規則性を持つという。

それに対して液体状態ではすべての規則性が喪失し、分子は流動性を獲得する。しかし、分子間隔は結晶状態とほぼ同じなので、液体の体積は結晶の体積とほぼ同じである。

ところが気体になると分子間距離は結晶、液体状態とは比較にならないほど大きくなり、分子は高速で飛行する。その速度は温度、分子の重さ(質量)などによって異なるが、室温ではジェット機並みの速度となる。

◉三態における集合状態

状態		結晶	液体	気体
規則性	位置	○	×	×
	配向	○	×	×
配列模式図			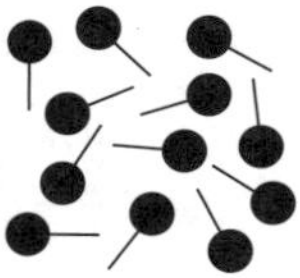	

○状態変化

物質の状態は圧力と温度によって異なる。下の図に示したように、各状態間の変化と、その変化が起こる温度には固有の名前が付いている。結晶と液体、液体と気体の間の変化は日常的に観察することであるが、結晶と気体の間の直接変化もある。ドライアイスの固体は加熱すると液体になることなく、直接気体になる。このような変化を昇華といい、その温度を昇華点という。水も低圧（真空）状態ではこのような変化を起こし、それが一般にいうフリーズドライであり、乾燥食品の製造に用いられる手法である。

◉状態変化

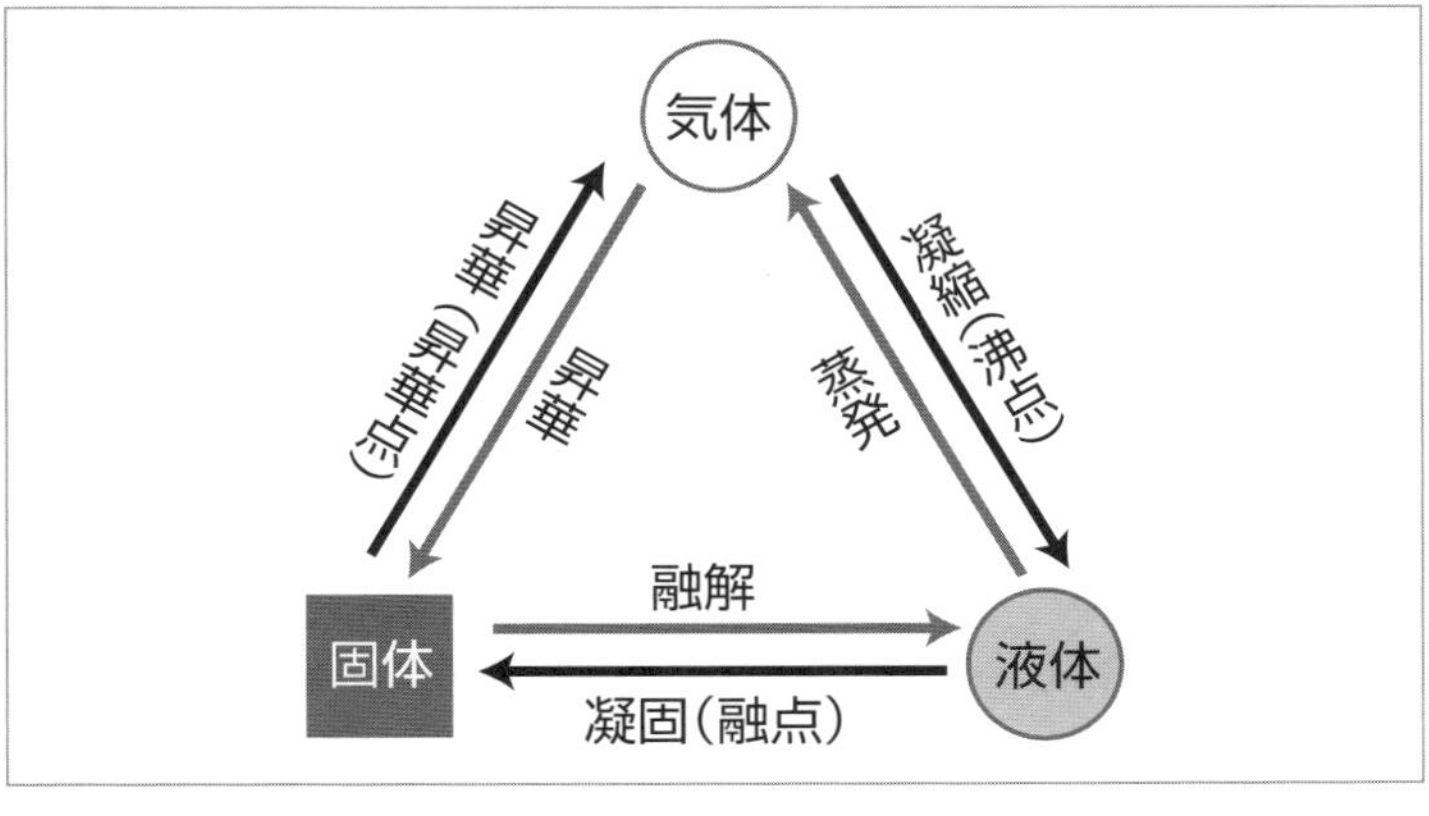

気体の性質

気体は固有の性質を持っている。その性質を見てみよう。

○気体の体積

気体分子を風船に入れたらどうなるだろうか？　高速で飛び回る分子は風船にぶつかり、風船を膨らませる。この膨らんだ風船の体積を「気体の体積」というのである。したがって、気体の体積のほとんどすべては真空であり、その中に占める気体「分子の体積」は無視できるほどに小さい。

水18ミリリットル（0・018リットル）を100℃の気体（水蒸気）にするとその体積は31リットルほどになる。なんと1万7000倍の体積である。このことは、気体の体積は気体の種類にほとんど無関係であることを意味するものである。このことから、すべての気体は標準状態で22・4リットルの体積を示すということが出てくる。

○状態方程式

気体の体積Vは温度T、圧力Pの変化に応じて変化する。すなわち温度が上がると膨張し、圧力が上昇すると収縮する。これらの関係を表した次の式を気体の状態方程式という。

$$PV=nRT$$

ただしこの式でTは絶対温度、nは気体のモル数(量)、Rは気体定数と呼ばれる定数である。

下の図はVとT、VとPの関係を表したものである。VはTに比例し、Pに反比例することがよくわかる。

○気体の重さ

気体は空気のように重さのないものと思われるかもしれないが、そのようなことはない。すべての気体は、空気も含めて、固有の重さ(質量)を持っている。その重さは気体分子の重さである。

●原子量・分子量

すべての分子は原子からできている。そしてすべての原子は固有の重さを持っている。原子の重さを表す指標を原子量という。原子量は、最も軽い水素の1から、自然界に存在する原子で最も大きいウランの

●体積と温度の関係

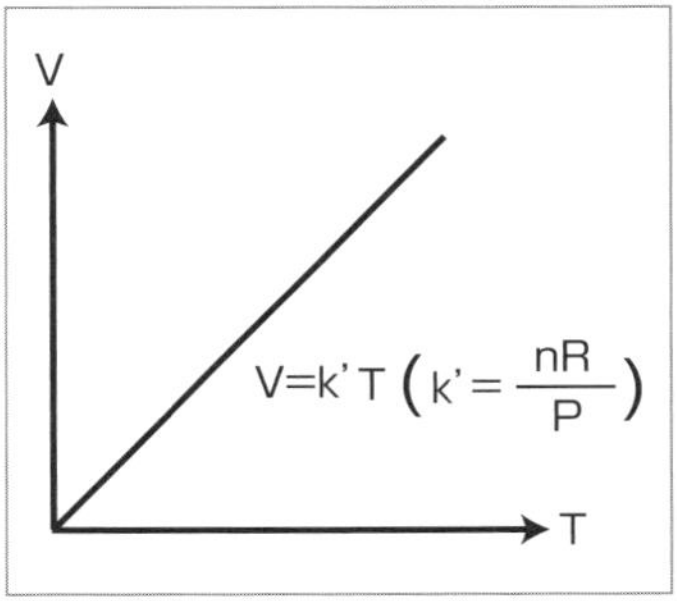

●体積と圧力の関係

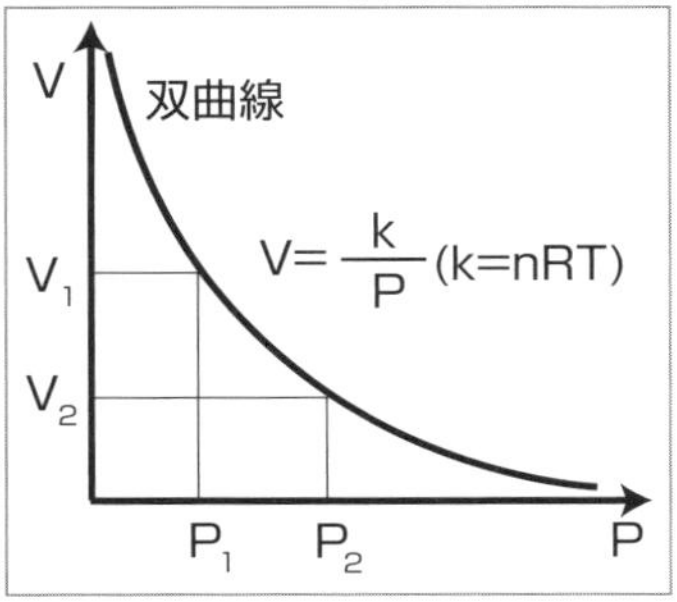

238までいろいろある。主な原子の原子量を下の表で示した。

分子を構成する全原子の原子量の総和を分子量という。たとえば水素分子H_2は2個の水素原子からできているから、その分子量は1x2=2となる。また、水分子H_2Oなら1x2+16=18となる。分子量は分子の大きさに連れていくらでも大きくなる。ポリエチレンなら数十万になるし、DNAなら数百億になる。

◉主な原子の原子量

原子	原子量
H	1
He	4
C	12
N	14
O	16
S	32
Cl	35.5
U	238

●アボガドロ定数

水分子1個の重さは非常に小さい。そのため、水分子1個の重さを計ることは不可能である。しかし、水分子も何個か集まればその重さは計測可能となる。水分子が大量に集まれば1gの重さになるであろう。

さらにたくさん集まったら、分子量（にgを付けたもの）に等しい重さになるであろう。このときの水分子の個数をアボガドロ定数という。その数値は$6x10^{23}$という天文学的なものである。アボガドロはこの数値を発見した科学者の名前である。

● モル

アボガドロ定数個の分子の集団を1モルという。これは12本の鉛筆の集団を1ダースというのと同じことである。2ダースの鉛筆の本数は24本であり、2モルの水分子の個数は$2x6x10^{23}=12x10^{23}=1.2x10^{24}$個である。

1ダースの鉛筆と1ダースの缶ビールでは重さが異なるように、同じ1モルの分子でも、分子によって重さは異なる。1モルの水素分子は2gであるが水は18gとなる。

● 気体の重さ

右で1モルの水素分子と水分子の重さはそれぞれ2gと18gであることを見た。これはすなわち、それぞれの気体の重さでもある。先に、すべての気体はその種類に関係なく、一定の体積をとることを見た。これは正確にいえば、すべての1モルの気体は標準状態で22・4リットルの体積をとる、ということになる。

◉気体の分子量

気体	分子式	分子量
水素	H_2	2
ヘリウム	He	4
チッ素	N_2	28
酸素	O_2	32
一酸化炭素	CO	28
二酸化炭素	CO_2	44
メタン	CH_4	16
プロパン	C_3H_8	44
水蒸気	H_2O	18

つまり、22・4リットルの水素ガスと水蒸気（水ガス）の重さは、それぞれ2g、18gだということになる。

いくつかの気体の分子量を表に示した。

●空気に対する比重

空気の分子量を計算してみよう。空気は窒素分子N_2と酸素分子O_2の4：1混合物である。したがって、この混合比で計算すると(4x14x2+16x2)/5=22.8となる。つまり、空気の見かけの分子量は22・8なのである。

水に対する比重が1より大きいものは水に沈み、小さいものは水に浮く。気体の場合も同様である。空気より軽い気体は空気に浮いて上空に行き、重い気体は地上に落ちる。軽い気体の水素（分子量2）やヘリウム（原子量4）を入れた風船は上空に上がるが、空気で膨らませた風船は（風船の重さで）地上に落ちる。

●二酸化炭素の重さ

気体の重さでバカにならないのが二酸化炭素CO_2である。CO_2の分子量は12+16x2=44であり、空気より重い。問題は、石油が燃焼した場合に発生するCO_2の量である。

石油は炭化水素であり、炭素Cと水素Hからなる分子である。灯油の場合、炭素数nはおよそ7~10個くらいである。そして、各炭素には2個ずつの水素が付いているので、その分子量は約(12+2)xn=14nとなる。これが燃焼するとすべて(n個)の炭素がCO_2になるのだから、その分子量は44のn倍、すなわち44nとなる。つまり、14n→44nである。3倍である。

これは、18リットルのポリタンク1杯の石油(ほぼ14kg)を燃やすと44kgの二酸化炭素が発生することを意味する。10万トンタンカー1隻分の石油を燃やすと30万トンの二酸化炭素が発生するのである。化石燃料の燃焼が問題になる原因はこのようなところにあるのである。


◉石油の燃焼によって発生するCO_2の重さ

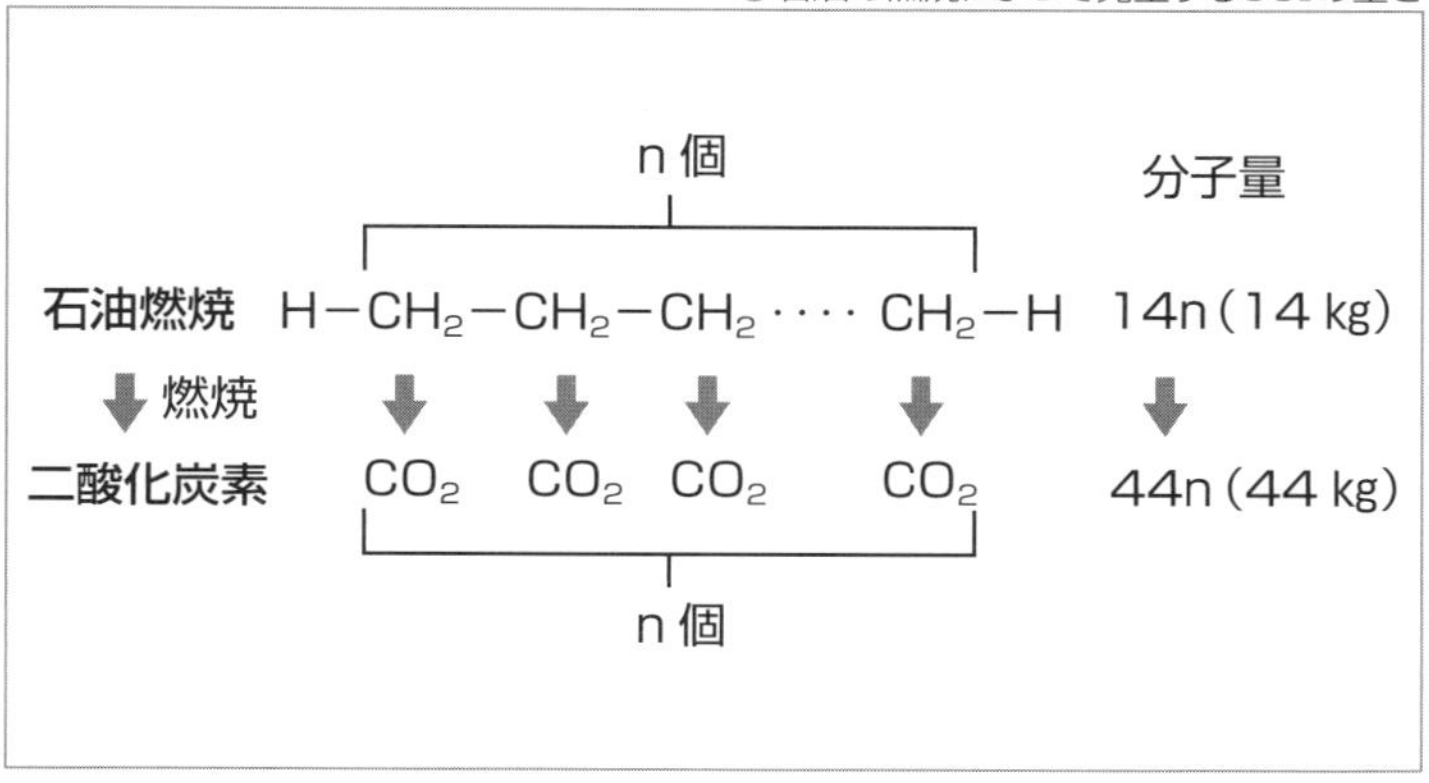

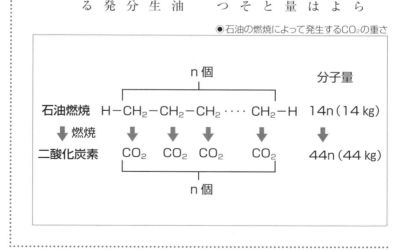

毒気体

一酸化炭素COが有毒であることはよく知られているが、二酸化炭素も有毒である。有毒な気体はたくさんある。ここでは主な有毒ガスについて見てみよう。なお、青酸ガス（正式名：シアン化水素HCN）については次編で詳しく見ることにする。

○一酸化炭素

炭素Cは十分な酸素の存在下で燃焼すれば二酸化炭素CO_2となるが、酸素の供給量が不十分な場合は不完全燃焼して一酸化炭素COとなる。一酸化炭素は大変に有毒であり、哺乳類の呼吸を害する呼吸毒である。

呼吸毒とはいっても、肺などの動きを停めて息ができなくするわけではない。肺が正常な動きをして吸収した酸素が細胞に行き渡るのを阻害するのである。肺細胞が吸収した酸素は酸素運搬タンパク質のヘモグロビンにあるヘム分子の鉄に結合する。この状態で血流に乗って細胞に行き、そこで酸素を渡して空身になって肺に戻り、また酸素と結合する。このような動きを繰り返して酸素を細胞に運搬しているのである。

一酸化炭素はこの鉄に結合するのだが、酸素の何百倍も結合しやすい。そのため、ヘモグロビンは酸素を運搬することができなくなり、細胞は酸素不足で致死的な被害を受けるのである。

一酸化炭素中毒の症状は、判断力低下、吐き気・嘔吐感などが現れ、やがて意識障害、けいれんが起きて死に至るというものである。一酸化炭素は匂いがないため、中毒に気付きにくく、症状が現れた時には重症になっていることがある。充分な注意が必要である。

○二酸化炭素

一酸化炭素に比べて有毒性が低いため、見逃されがちであるが、二酸化炭素も有毒である。つまり、濃度が3～4％を超えると頭痛・めまい・吐き気などを催し、7％を超えると数分で意識を失う。この状態が継続すると麻酔作用による呼吸中枢の抑制のために呼吸が停止し死に至る。

二酸化炭素の身近な発生源はドライアイスである。44g（1モル）のドライアイスは気化すると22・4リットルの二酸化炭素になる。自動車の室内空間を3立方メートル（3000リットル）とすると、2kgほどのドライアイスが気化すると4％近い濃度になる。注意が必要である。

ドライアイスのもう一つの怖さは物理的な力である。ドライアイスを風船に入れて放置したら、気化によって発生した二酸化炭素の体積で風船が膨らむ。これをガラス瓶で行ったら、ガラス瓶の破裂である。現に、インク瓶にドライアイスを入れて爆発し、人命が失われた事故がある。

ストレスや疲労で、呼吸（換気）をし過ぎたり、呼吸（換気）が速くなり過ぎたりして、人体の血中の二酸化炭素濃度が異常に低くなることがあり、これを過呼吸、あるいは過換気症候群（過呼吸症候群）と呼ぶ。過換気症候群の病態自体が命に関わることはないが、背景に身体疾患が隠れていることがあるので注意を要する。

○塩素

塩素Cl_2は薄い緑色の気体であり、刺激臭がある。猛毒であり、第一次世界大戦でドイツ軍が毒ガスとして使用した。近代毒ガスの最初の例とされる。このように危険なガスであるが、家庭で簡単に発生する。

どこの家庭にもある塩素系（酸化系）漂白剤とトイレの洗剤（酸系）を混ぜると発生するのである。このようなものは風呂とかトイレとか、密閉空間で使うことが多い。するとすぐに濃度が上がり、重篤な事故に発展しかねない。

この例に限らず、化学薬品はそれだけを、指示された使用法で使う限り、便利で安全なものである。しかし、通常の使用法以外で使用したり、他の化学薬品と混合したりすると、予期しない化学反応が起こり、とんでもない結果になることがある。これは化学薬品を他の容器に移すことも含む。化学薬品の取扱いには万全の注意が必要である。

○ホスゲン

ホスゲンは猛毒の気体である。かつてナチスが青酸ガスとともにアウシュビッツの強制収容所で使用したことで有名である。分子式は$COCl_2$であり、分子量は99で空気より大変に重い。

かつて消火剤として四塩化炭素CCl_4が用いられたことがあるが、四塩化炭素は高熱で酸素と反応してホスゲンを発生する。ホスゲンは重いので、発生しても部屋の下部に溜まる、そのため大人は問題がなくても、子供に対して重篤な危害を与える可能性がある。たとえば、キッチンの天ぷら火災を消化した場合、背の高い大人には何も影響がなくても、隣室で寝ていた赤ちゃんに致命的な害が及んでいる可能性がある。

ホスゲンは症状が現れるまでに潜伏期間があるが、それは長い場合には24時間に達することもあるという。それも、症状があらわれたときにはすでに手遅れ、ということが多い。暴露されたとわかったら、迅速な処置が重要である。

○フッ化水素

フッ化水素HFは沸点20℃ほどなので、室温では液体とも気体とも分類できる物質である。水に溶けるとフッ化水素酸（フッ酸ともいう）となる。塩化水素HClが水に溶けると塩酸となるのと同じことである。フッ化水素酸は腐食性が非常に強く、ガラスをも溶かすため、ガラス表面のエッチングなどに用いられる。

一般家庭にあるものではないが、工場での事故はあり得る。２０１２年に韓国の慶尚北道亀尾の工場でフッ化水素酸が漏出する事故が起こり、作業員と付近の住民含めて３５００人以上が死傷した。日本でも１９８２年に八王子市の歯科医が、間違って少女の歯にフッ化水素酸を塗り、少女が死亡した事件が起きている。また、２０１３年には御殿場市で女性の靴の内部にフッ化水素酸を塗り、壊死のため、女性が足の指５本を部分切断するという事件が起きている。

○クロルピクリン

クロルピクリンは、分子式CCl_3NO_2、沸点１１２℃（分解）の液体であるが、気化しやすい。非常に有毒であり、かつてホスゲンとともに毒ガスとして戦場で用いられたこともある。現在では農薬として土壌殺菌剤として用いる。すなわち、地中に注入した後、表面をビニールで覆い、地熱で気化させて燻蒸《くんじょう》するのである。

２００８年、熊本市で男性がクロルピクリンを飲んで自殺を図った。苦しんでいる患者を救急車で病院に搬送したところ、院内で嘔吐し、発生したクロルピクリンのガスを居合わせた医師や医療スタッフが吸って中毒し、さらに空調機を通じて院内に拡散した。この事故で54人が被害にあったが、うち31人は病院の職員であった。

原因は、救急隊員が自殺者の飲んだ液体の瓶を持ち帰らなかったため、医師が自殺の原因物質がクロルピクリンとわからぬまま救急処置を施したことにあった。

今回の話の中で亜澄は還流実験を行っていた。還流とは、加熱操作の1つであり、反応容器中の溶媒を加熱して沸騰させ、発生した溶媒蒸気を冷却器で冷却液化させ、元の反応容器に戻す操作である。

この操作によって溶媒は気化、液化を繰り返すのでいつまでたっても同じ量を維持し、しかも溶液温度は溶媒の沸騰温度で一定している。つまり、溶媒を選定することによって、何時間でも何日でも一定の反応温度で反応を続けることができる。

反応装置

基本的な装置は下の図に示した通りである。反応容器はナス型フラスコが一般的である。中に反応試薬と溶媒の溶液を入れ、回転子を入れる。フラ

◉還流実験の装置

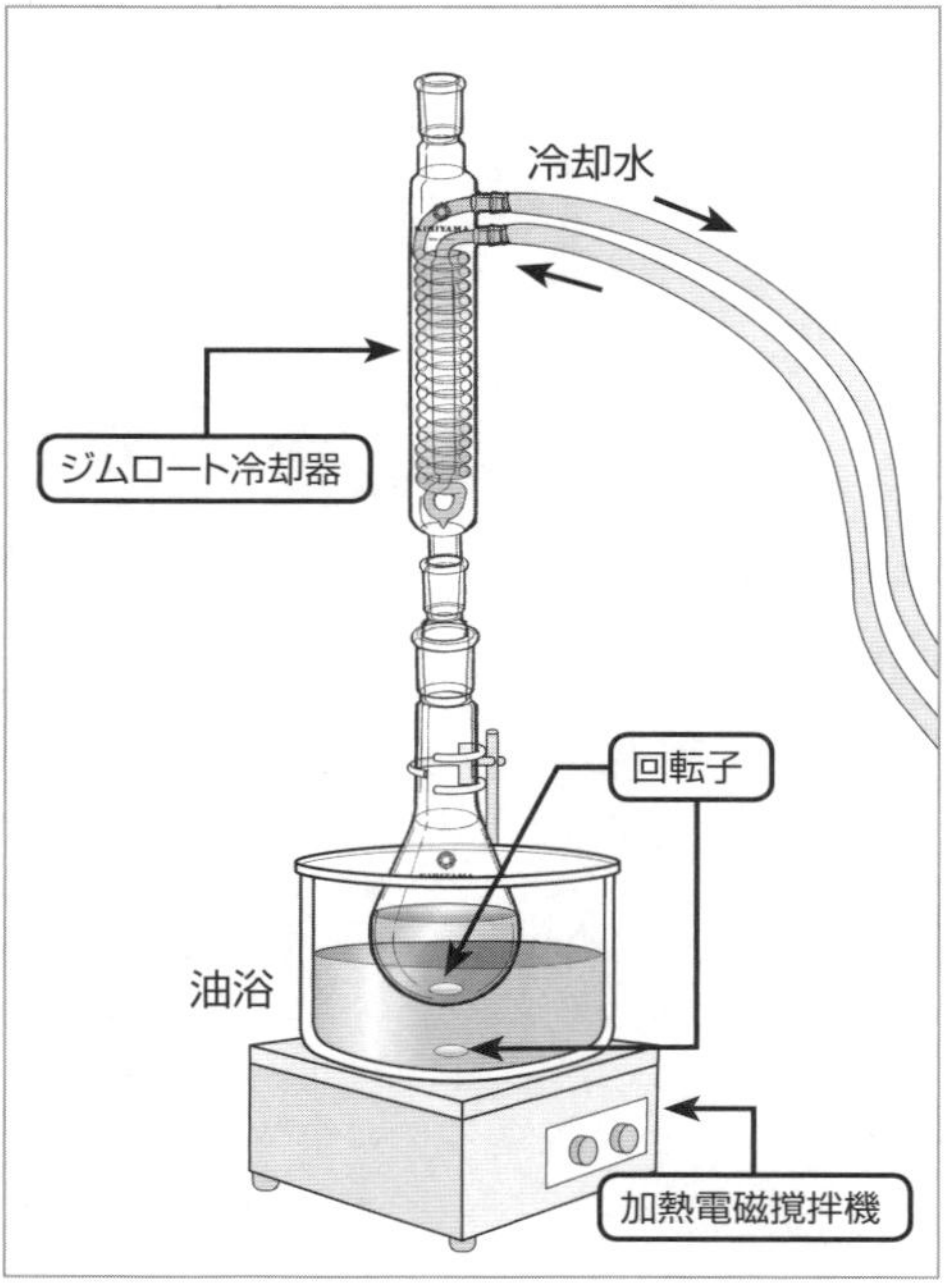

スコの上部には適当な冷却器を接続する。
加熱にはシリコンオイルを入れた油浴を用いる。すなわち、ガラス容器にシリコンオイルと回転子を入れ、加熱電磁撹拌機にセットする。撹拌機は油浴とフラスコ中の2個の回転子を回転させ、温度の均一化を図ると同時に溶液が突沸するのを防止する。

冷却器

冷却器は基本的な化学実験用ガラス器具であり、各種の物が用意されているので用途に応じて使い分ける。リービッヒ冷却器は最も簡単な構造であるが、蒸留装置の冷却器としてよく用いられる。ジムロートは構造が複雑であるが、冷却効率が良いので加熱還流装置によく用いられる。冷却水の接続方向は、まずラセン型の蛇管部分に水を入れると中央の太い管に下から水が溜まる。逆に接続すると、太い管に水が溜まらなくなるので注意が必要である。

一般に冷却器に流す冷却水は水道の蛇口から直接とることが多いが、ホースが外れると冷却能力がなくなり、溶媒が気化して反応容器が空焚き状態になるので注意が必要である。また、外れたホースから水が床に流れ出、実験室が水浸しになることも、よくある失敗例である。

◉ジムロート

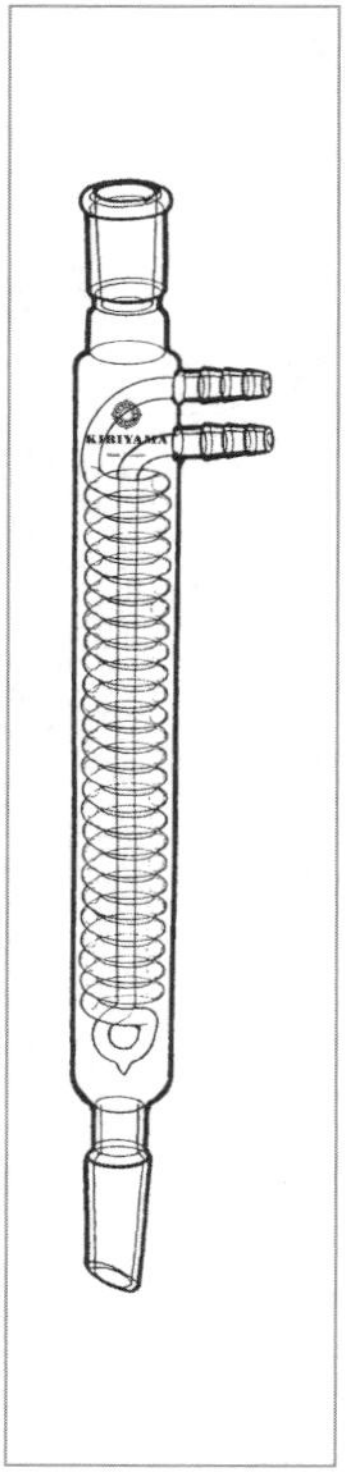

◉蛇管・グラハム

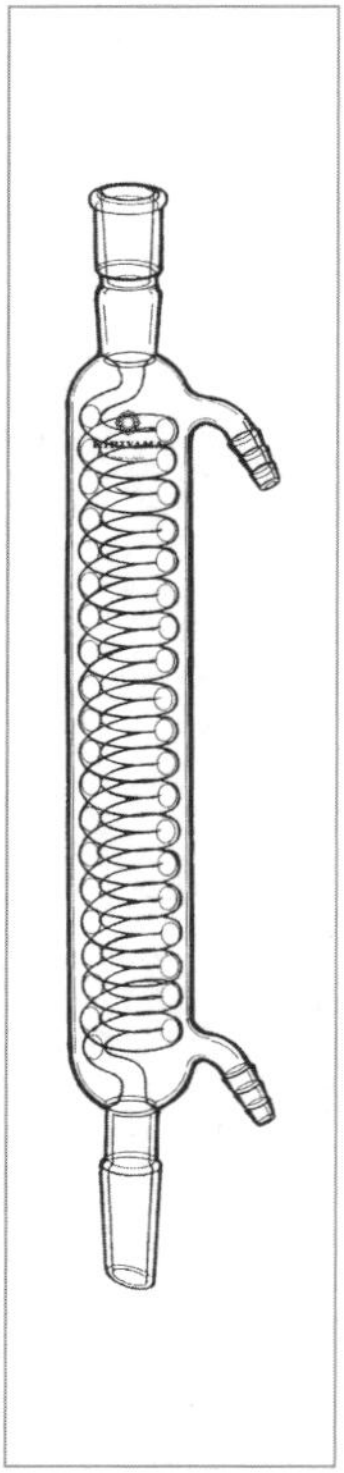

◉玉入・アリーン

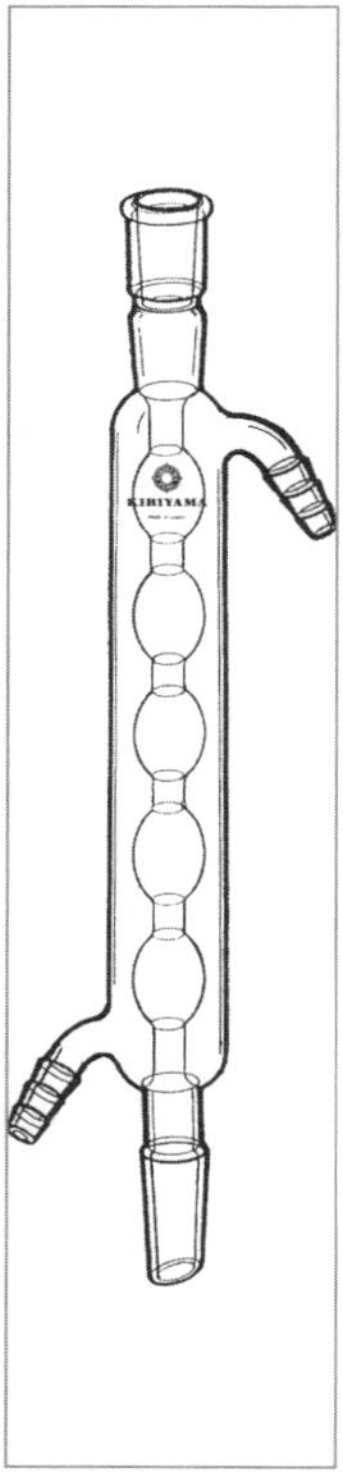

◉リービッヒ

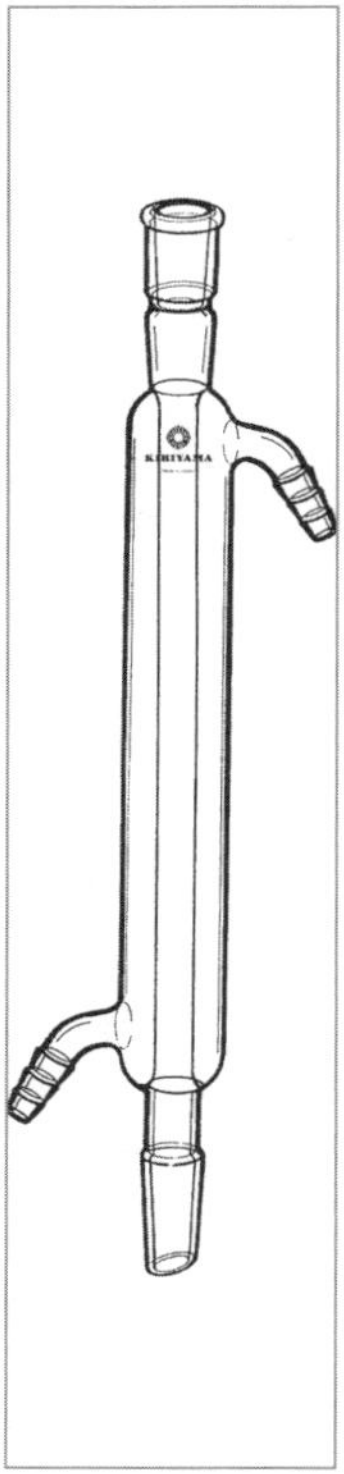

第6話

秘められた再会

～第6話　秘められた再会～

安息香《あすか》のところにお客さんが訪ねている。そこに亜澄《あずみ》が来て、三人で話が始まった。

「亜澄先生。こちら私のクラブの後輩の小野田由美です。うちの経済学部の三年です」

「小野田です、お邪魔してます。今日はとってもいいことがあったので、安息香さんに報告に来たんです。希望の講座に配属が決まったんです。沖野研です」

「沖野先生って、そんなに人気があるの？」

「ええ、とっても人気があります。今日はこれから沖野先生の面接があるんです。それで私、順番を待ってるんです。お会いできるのが今から楽しみでならないんです」

沖野浩一郎は帝都大学経済学部の教授である。五年前に大蔵省を退職してここに教授として移ってきた。研究だけでなく、現場の空気を吸ったことのある沖野の講義は学生の評判が良かった。

沖野は例年の通り、新しく講座配属になった四年生を一人ずつ教官室に呼んで面接をした。三人目に部屋に入ってきたのは小野田由美だった。利発そうで落ち着いた子だった。沖野は妙な懐かしさを覚えた。

「小野田由美さんだね」

「はい、よろしくお願いします」

「こちらこそよろしく。君は栃木県出身だね。お父さんは小野田哲夫さん、お母さんは小野田有希枝さんか。え？　有希枝さん？」

「はい、母は有希枝と言います。それに妹が一人います」

「そうか。それはいいね。で、お母さんはお元気？」

「ええ、父も母も健康です」

「そうか。お母さんは何かご趣味でもやっておられるのかな？」

「刺繍が好きで、若いころからやってると言ってます」

「そうか、いい趣味だね。ところで、君の成績だけれど、とってもよい成績だね、ほとんどトップクラスだよ。これだったら大学院に推薦で入学できる。将来はどうするの？進学？」

「いえ、就職したいと思います。できたら、外資系の会社に行きたいと思ってます」

「そうか。それもいいかもしれないね。広い世界を自分の実力で飛び回ろうってわけだな」

「はい、自分の力を試してみたいと思います」

小野田の母の名前を聞いたとき、沖野は永いこと胸の奥にしまいこんでいたものが一気に目の前に広がった思いがした。有希枝、あの有希枝ではないのか？　由美の面立ちも有希枝の若いころにそっくりだ。念のため、有希枝の趣味を聞いた。刺繍だという。間違いない。有希枝は刺繍が好きだった。

沖野が離婚してから十九年が経っていた。そのころ、大蔵省の係長をしていた沖野は、連日多忙を極めていた。それでも、国家を動かしているという自負を持つ沖野にとって、忙しさなどは張り合いの素みたいなものであった。大変なのは妻の有希枝であった。二歳の一人娘由美を抱え、扱いの面倒な沖野の母、登美子を姑として抱えていた。登美子は、有希枝を自分から沖野を奪った女と考えていた節がある。沖野の泊まり込みが続く時期など、有希枝は心細さと登美子の嫌がらせに、泣いたことが多かったようだ。

結局、二人は離婚することにした。あのままでは有希枝の神経が持たなかっただろう。といって沖野に大蔵省を捨てることはできなかった。登美子は由美を置いて行くように頑強に言い張ったが、沖野が登美子を黙らせた。沖野は有希枝に感謝していた。

由美は有希枝に対する感謝のしるしだった。二人で幸せになってほしい、そう願って沖野は由美を有希枝に託した。

五年ほど経って、有希枝が再婚したとの話を聞いた。その後、七年ほどたって、沖野も課長を最後に、大蔵省を辞した。帝都大学から教授としてきてほしいとの誘いを受けた。母の登美子を亡くして、一人暮らしの寂しさを感じていた沖野は若い子に自分をぶつけてみようと思い、その誘いを受けたのだった。

その由美がここにいる。神の思し召しだ。この上は、俺が由美を立派に教育しなければ。沖野はそう誓った。

＊1＊

グリニャール反応をしている亜澄のところに安息香が来た。何やら元気がいい。グリニャール反応は複雑なガラス器具を組み立てた装置で行う反応であり、いかにも化学実験という感じの実験である。亜澄の好きな反応の一つである。

「おはようございます！」

「おお、どうした安息香？　妙に元気がいいな。朝飯が美味しかったか？」

「いいえ、いい話を聞いたんですよ。由美に恋人が居るんだそうですよ」

「そうか、友人に恋人ができると自分まで元気になるのか？　性格のいいことだな」

「おかげさまで。恋人は同じ学部の先輩なんだそうですよ。ドクターの学生だそうですけど、スポーツも好きで、サッカーや釣りが趣味なんだそうです。うらやましいな」

「なーに、安息香も頑張ればいいだろう？　頑張ればもっと素敵な人が現れるぞ」

＊2＊

それから数カ月後、安息香に元気がなかった。

「おお、どうした安息香？　元気がないな？　朝飯でも食いそびれたか？」

「そんなんじゃありません。後輩が自殺したんです。先生も知ってるでしょ？　この三月ごろに研究室に遊びに来た子」

「ああ、あの、研究室が決まって喜んでいた子ね。小野田由美さんだったな」

「昨日帰ったら、友人からの知らせが入っていたんです。今日お通夜なんです。なんでも、海に身を投げたんだそうです」

「どこの海？」

「公園のはずれにある灯台の近くだそうです。由美の帰りが遅いのでご両親が探していたんだそうです。警察に捜索願いも出して」

「そうか。しかし、三月にあんなに喜んでいたんだろ。それが半年ほど経っただけなのに自殺なんて。考えられないよ。何で自殺なんかしたんだ？　そうだ、友人の警察官の水銀《みずがね》に聞いてみようか？　アイツなら何か知ってるかも知れない」

＊３＊

「おお、水銀、あのな、昨日、自殺した小野田由美という女の子の件なんだが」

「ああ、あの件は今のところ自殺と考えられている。昨日の昼過ぎに遺体が近くの海に浮いているのを釣り人が見つけたんだ。実は、前の日の晩に捜索願が出ていたんだ。頼んできたのは栃木から出てきたお父さんだった。ここ二日ほど、下宿させている娘との連絡が取れないと言ってな」

「しかし、それだけでは自殺とは言えないだろ？」

「もちろんそうだ。それで、漁師に潮の流れを聞いて、それらしいところを捜索したわけだ。そうしたら、公園の灯台の近くに靴がちゃんと揃えて置いてあったってことなんだ」

「しかし、自殺なら理由があるだろ？　遺書でもあったのか？」

「いや。遺書はなかった。しかし、解剖の結果を聞いた両親は、信じられないようだが、事実は事実だと泣きながら納得した。悪いがこれ以上はオレの口からは言えん。実際、自殺を疑う理由がないんだよ。解剖医も念のために肺の中の海水を調べて、あの海域に生息するのと同じプランクトンを確認している。だから、あの灯台から落ちて亡くなったことも間違いないと思う」

「遺書もないのに、両親は自殺で納得したのか？　よくわからんな」

「しかし、事実はそういうことだ。そういえば解剖医が変なことを言ってたぞ。肺の海水からアルキルベンゼンスルホン酸ナトリウム塩が見つかったってことだ」

「なに、アルキルベンゼンスルホン酸ナトリウム塩？　中性洗剤だな。今どき、どこの海水にでもそんなものは入っているわな」

「そうか、そんなものか？　じゃ、気にすることもないな」


「どうだ、安息香、納得できたか？　両親が〝信じられないが納得した〟ってのはどういうことだ？　あいつ、いつからこんな哲学みたいなことを言うようになったんだ？」

「先生、もしかしてそれ、妊娠ということではないかしら?」

「エーッ、妊娠? そうかもしれないな。そうならプライバシーの問題で水銀も言うわけには行かないな」

「でも、もしそうだとしても、由美が自殺したとは限らないんではないでしょうか?」

「それはそうだな。誰も見ていないんだから、事故の可能性だって、もしかしたら殺人の可能性だってないわけではない。靴なんて、後から犯人が揃えて置いたのかもしれない。第一、もし妊娠なら、相手は誰なんだ? もしかしたら、相手の男が、妊娠して邪魔になった由美さんを殺した可能性だって出てくるかもしれない」

＊4＊

由美は同じ経済学部の津田研にいる博士課程三年の野本幸司と恋仲になった。野本は好青年だった。二人はよく寄り添ってキャンパスを歩いていた。そんな姿は沖野の目にも留まった。二人のむつまじい様子を見て、沖野は有希枝と歩いた若かったころのことを思い出していた。

十月に入ったころから由美に陰りが見えてきた。研究室に出てくる時間が遅く、不規則になった。それまで活発に発表、ディスカッションしていたのがなんだか急におとなしくなり、沈んだ顔をしていることが多くなった。どうしたのかと心配していた。その矢先、由美が三日間ほど研究室に出て来なくなった。

念の為、沖野は栃木の連絡先に電話した。翌日夕方、警察から電話が入った。小野田由美が自殺したようだが、思い当たる節はないかというものだった。前後して父親からも電話が入った。解剖が終わり次第、栃木に連れて帰るというものだった。

翌日、両親がそろって挨拶にきた。何も知らずに挨拶に来た有希枝に沖野は顔を上げられなかった。話す言葉もなく、ただ泣いた。不思議そうに沖野をじっと見ていた有希枝も、やがて声を上げて泣いた。何も知らない夫に、抱えられるようにして出て行く有希枝に、沖野は深々と頭を下げ続けた。

沖野は警察に事件の経過の説明を求めた。自殺の理由を尋ねる沖野に警察は、警察としても、また両親に尋ねても、はっきりした理由は見当たらないと言った。ただ、解剖の結果では妊娠四カ月ということだったと言った。結局、直接の原因は妊娠を苦にしてではないか、ということだった。

数日後、安息香が叔父の話をした。安息香の親戚の話は聞いたことがないので亜澄も興味を持って聞いた。

「先生、この前、叔父が家に遊びに来たんですよ。叔父は釣りが好きで、しょっちゅうあの海岸で突堤釣りをしてるんです。それで由美の自殺の話をしてみたんです。あの辺りは海流が強いんだそうです。海中に落ちたものは結構流されるんで、灯台から身投げしたら、由美が見つかった海岸まで流されるのは当然だ、って言ってました」

「そうか、由美さんの投身に問題はないってわけだな」

「ええ、そうです。でも、不思議なこともあるんですよ。っていうのは、あの灯台の付近の街は環境問題に熱心なんだそうです。環境を守ろうって意識が強くて、家の排水もちゃんと下水処理をしてから湾に放出してるっていうんですよね」

＊5＊

卒業式を終えたころ、安息香が実験室に飛び込んできた。

「先生、大変です！」

「そうだ。大変だな。経済学部でドクターの卒業生が死んだんだって？」

「そうです！　卒業式を終えて、自分の書類や書籍を整理していたところ急に倒れたんだそうです。血を吐いて。ビックリして研究室の人が一一九番したって話です」

「どうなってるんだろうな、うちの経済学部は？　この前、安息香の友達が自殺したばかりだろ？　今度は殺人事件か？　水銀に詳しい話を聞いみようか？」

＊6＊

「おお、亜澄か？　電話がくると思ってた。例の件だろ？　死因は青酸カリだ。殺人だ。経済学部の野本っていうこの3月に博士号を取ったばかりの学生が死んだんだ。卒業したんで、研究室の自分の私物を片付けてたんだな。それが突然血を吐いてイスから転げ落ちたんだ」

「何にもしないで突然か？」

「そうだ。脇にいた学生がビックリして、救急車を呼んだわけだ。しかし、救急隊が着いたときにはすでに死んでたってことだ。死因は青酸性毒物だ」

「そうか。それじゃほとんど即死状態ってわけだな。何でそんなものを飲んだんだ？」

「風邪薬を飲んだんだな。机の上に水の入ったコップが置いてあり、風邪薬のビンが置いてあった。コップの水からは青酸は検出されなかった。だから、その風邪薬の中に青酸カリか何かが入っていたものと思われる。ところが、ビンの薬からは何にも変なものは発見されないんだ。多分、風邪薬のカプセルの中に、一錠だけ毒入りのカプセルが混じってたんではないかと思う。いつ飲むかわからないが、飲んだときには死ぬってわけだな」

「そうか、犯人にとっては鉄壁のアリバイが稼げるわけだな」

「しかし、毒入りのカプセルを混ぜることができる者なら、身の回りの者に限られるな」

「怨恨の線だな。一番強そうな線だが、いずれにしろこれからの捜査だな」

＊7＊

話は遡る。由美が自殺して数カ月後、警察の動きとは関係なく何事もなかったように日が過ぎ、年が明けた。経済学部内に野本は卒業後、津田の娘と結婚するという話が流れた。耳を疑った沖野はそれとなく津田に聞いてみた。「野本は博士号を取った後、大東大学の経済学部に助教として採用されることが内定している。その後、私の娘と結婚する予定だ」と嬉しそうに話してくれた。

由美は野本に殺された。沖野は直感的にそう思った。津田の娘と結婚することにした野本は、妊娠して邪魔になった由美を殺したのだ。野元を許すことはできない。そう思った。

野本の学位審査には同じ学部教授の沖野も審査員として出席した。学位審査の翌日、沖野はドクター取得のお祝いだと言って野本を食事に誘った。

「おめでとう。四月から、大東大学の助教になるんだそうだね」

「はい、津田先生のお口添えで、そのようになりました」

「噂では津田さんの娘さんと結婚するんだそうだね？　昔からの知り合いなの？」

「いえ、津田先生から、お盆のころに急にどうだ？って聞かれまして」

「でも君は女の子にモテるだろう？　一緒に歩いてた子がいたんでないの？」

「エッ、アー、あの子ですか。下宿が近くだったんで、時折一緒に歩いてただけです」

「そうか、お似合いだと思ってたんだが。あの子、最近見かけないようだがどうしたのかな？」

「さあ、存じません。中退でもしたのではないでしょうか？　もっと人生を大切に考えてくれればよいのですが」

沖野は納得した。由美が塞ぎこんだのは九月末ごろだった。妊娠が明らかになり、相談した野本に交際を断られたのに違いない。由美が悲観して自殺したのか、あるいは、嫌がる由美を野本が殺したのかはわからない。いずれにしろ、由美と津田の娘を天秤に掛け、由美を死に追いやったことに間違いはない。それを、「人生を大切に考えろ」、とは何事だ。

沖野の心は決まった。

沖野は野本がトイレに立った隙に、コップに睡眠薬を入れた。睡眠薬が効いてフラフラの野本を車に乗せ、野本のマンションに向かった。ドアを開けて中に入った。野本はソファに崩れるように倒れこみ、そのままいびきをかいて寝てしまった。

沖野は野本の部屋を探した。体が弱くて風邪をひきやすいという野元のことは知っていたが、案の定、机の上に飲みかけの風邪薬のビンが置いてあった。1錠のカプセルを取り出し、中身を出して代わりに青酸カリを入れてビンに戻した。青酸カリはメッキ工場を営む弟を訪ねた際に、少量手に入れておいたものである。

眠る野本を無理に起こして、沖野はマンションを出た。

野本の部屋にカプセル入りの風邪薬があったから青酸カリを入れたのだ。もし、風邪薬がなかったら入れることはできなかったのだ。その青酸カリだって、野本が飲むとは限らない。飲まないまま、いつかビンごと捨てられるかもしれない。飲まなかったらそれまでだ。野本にツキがあったのだろう。どちらになるかは神の采配だ。すべては神の思し召しだ。沖野は胸が晴れるのを覚えた。

学部内はもちろん、学内も騒然としている。警察は、青酸カリは風邪薬に仕組まれたものと推定している。誰が入れたか調べているだろう。研究室に出入りする者には皆、チャンスがある。野本のマンションに出入りした者にもチャンスはある。沖野が野本を食事に誘ったことは、野本が誇らしげに研究室の者に話している。マンションに入ったことも話しているだろう。警察が嗅ぎつけて来るかもしれない。しかし、直接の証拠は何もない。

沖野はどうでもよかった。犯行が発覚しなかったら、それは由美が守ってくれたのだ。発覚したとしたら、そのときは有希枝に顔向けができる。有希枝に恩返しをしたのだ。有希枝も許してくれるだろう。

沖野は晴れ晴れとした気持ちで空を見上げた。

安息香です。亜澄先生はここまでの話で
犯人の目星がついたようです。一体、ど
のような連想、推理から亜澄先生は犯人
を特定することができたのでしょう？
その推理の軌跡を追ってみませんか？

トリック解明編

亜澄は考えた。帝都大学という、決して広くはない領域で学部学生の自殺と、博士課程の学生の他殺という事件が起こっている。それも半年ほどの期間にであり、さらに二人とも同じ学部、経済学部である。警察、つまり水銀の調べでは、この二つの事件の間に関連性はなく、片方は自殺、片方は他殺とされている。

本当にそれでいいのだろうか？　この2つの事件の間にはなにか問題が隠されているのではないだろうか？　亜澄の〝探偵魂〟がうずき始めた。

まず、気になるのが由美の自殺とされる事件である。これ本当に自殺だったのか？　自殺の直接証拠、すなわち遺書はない。状況証拠があるだけであり、それは投身したと思われる灯台に靴があったこと。および、由美の肺に残った水に入っていたプランクトンが、遺体発見現場の海域に生息するものと同じだったことである。

しかし、亜澄の気になるのは安息香の話である。すなわち、灯台近辺では地域住民の環境意識が高く、中性洗剤を垂れ流すことはありえないという話である。ところが由美のに肺に残った海水からは中性洗剤の成分であるアルキルベンゼンスルホン酸ナトリウムが見つかったという。

これはどう考えたらよいのか？　結論は一つである。すなわち、由美が溺れて海水を飲んで死んだのは灯台近辺ではないということである。実際に〝飲んで溺れた海水〟はどこか他のところの海水であるということである。

それでは、由美の飲んだ海水はどこの海水なのか？　これこそが、由美の自殺の謎を解き明かすカギである。

潮の流れを考えると、可能性の一つとして河口近辺が考えられる。この場合、何もそこで直接由美を海に突き落とす必要はない。そんなことをしたら人に見つかる可能性がある。クーラーボックスに海水を持って帰ればいいだけである。

そのクーラーボックス中の海水に由美の顔を浸ければ、由美はその海水を吸って〝溺死〟する。これが事件の真相であろう。あとは、水銀が、徹底した聞き込みによってその若い不審人物を突き止め、任意でも強制でもなんでもよいから、その人物を徹底的に追い詰めれば、自白が得られるはずである。

そう考えた亜澄は水銀に河口周辺の聞き込みを依頼した。

数日後、水銀から電話が入った。河口の辺りの聞き込みを行ったところ、事件の数日前に、若い男があの辺で釣りをしていたという情報が入ったという。しかし、潮の時間からいって、河口で釣れる時間でないので目撃者は変に思ったとのことである。

これで犯人は決まったようなものである。亜澄は水銀にその男の身元解明、身柄確保、および、その男のDNAと由美の胎児のDNAが一致するかどうか確かめることを助言した。

水銀が徹底して調査したところ、その若い男とは帝都大学経済学部大学院博士課程三年の野元幸司、つまり今回の青酸事件の被害者であることが明らかとなった。そして、DNAの調査から、由美の胎児と野元が親子関係にあることが明らかとなった。

この結果、由美の偽装自殺と野元の青酸殺人という二つの事件は無関係ではありえない。二つの事件は連続殺人事件の可能性が高いことが明らかとなった。残念ながら、第一の事件の小野田由美殺人の実行犯、野元幸司は別の犯人によって殺されてしまった。しかし、連続殺人事件の影の張本人、すなわち野元を殺した犯人はまだ、のうのうとしているはずである。

亜澄は考えた。由美が沖野研に配属決定になったときの喜び方は普通ではない。また、由美が研究室に来なくなったときの沖野の迅速な対応も普通ではない。由美の自殺が明らかになった後も、警察に事情を聴くなど、普通の教授としての対応を超えているように思える。

これは、由美と沖野の間に、単なる主任教授と学生と言う関係以上の関係があったのではないかということを示唆する。しかも、沖野は旧大蔵省からの途中転入である。その過去には知られざる事柄があった可能性はないでもなかろう。噂に聞けば、大蔵省には離婚経験者も少なくないという。もしかしたら、沖野もそのような一人であり、思いがけないところで由美と関係しているのかもしれない。そのように思ったからである。

亜澄は水銀に調査を依頼した。教授の沖野の戸籍である。刑事の水銀にとって、こんなことは調査でもなんでもない。直ちに戸籍を取り寄せ、それだけでなく栃木に飛んで、沖野の関係者に当たった。その結果、沖野と由美が実の親子であったことが明らかになった。

水銀からの報告を受けた亜澄は、暗澹とした気持ちに襲われた。犯人はわかった。しかし、直接の証拠は何もない。たとえこれから徹底して詳細な再調査を行っても、証拠は出てこないだろう。沖野を犯人と断定することはできない。沖野が出頭して自白しない限り、事件は迷宮入りだ。しかし、それでもいいのではないか？　亜澄はそんな考えに襲われた。沖野のこれまでの人生、娘の由美、元の妻の有希枝との関係を考えれば、沖野に他にどんな選択肢があったというのだ？

亜澄は空を見上げた。春を控えた空は暖かそうに晴れていた。

化学解説編

【青酸カリ(シアン化カリウム)と中性洗剤について】

本篇では毒物としてあまりに有名な青酸カリ(正式名：シアン化カリウム)KCNが使われた。また、事件を解くカギとして中性洗剤が登場した。そこでここではシアン化カリウムと中性洗剤について見ておこう。

シアン化カリウム

青酸カリというと毒薬の代名詞のように思われるが、実は工業的に重要な製品なのである。

○シアン化カリウムの毒性

シアン化カリウムが猛毒であることは間違いないが、その毒性はどの程度のものであり、毒性はどのような機構によってあらわれるのだろうか?

●半数致死量と経口致死量

シアン化カリウムの毒性の強弱、すなわち半数致死量LD_{50}は第3話で見たように3

～７mg/kgだから、体重70kgの成人なら２１０～４９０mgということになる。一方、文献によれば経口致死量は１５０～３００mgとされている。前者によれば４９０mg飲んでも半数の人は生き残ることになり、後者によれば３００mg飲んだらほぼ確実に死ぬことになる。どちらが正しいのか？

この問いに答えるためには、両者の測定法を考えてみることである。前者は科学的、統計的に正しい手法に則って計られたものであるが、それだけに検体に人間を用いることはできない。マウスなどの小動物を用いることになる。毒物に対する耐性は動物の種類によって異なる。したがってこの半数致死量の数値は、検体動物（マウスなど）に対しては正しいが、人間に対しての保証はどこにもない。

それでは、後者はどのようにして測定したのか？　このような測定を、人間を用いて正確になど計れるものではない。結局は、たまたま起こった事故から推定したり、あるいは暗黒の歴史であるが、戦争時などの秘密実験などによって蓄積されたデータであろう。したがって、どちらがより現実に近いか？と問われたら、後者の方ということになろう。

●毒性の出現

シアン化カリウムの毒性は、シアン化カリウムが酸と反応して発生する青酸ガス（正式名：シアン化水素）HCNによるものとされる。すなわち、シアン化カリウムを服用すると胃に入って胃酸（塩酸HCl）と次の式のように反応し、気体のシアン化水素が発生する。

これが逆流して肺に入る、あるいは胃の粘膜から吸収されて呼吸系に害を及ぼすのである。そのため、シアン化カリウムは呼吸毒とされる。

この場合の呼吸とは、肺を動かして空気を吸うことではなく、細胞に酸素を供給することをいう。すなわち、シアン化水素は息をすることを阻害するのではなく、息をすることによって体内に取り入れた酸素が細胞に行き渡るのを阻害するのである。

肺に入った酸素は、赤血球にある酸素運搬タンパク質、ヘモグロビンの鉄イオンに結合して細胞に運ばれる。この際に重要な働きをするが補酵素のチトクロームBである。シアン化水素はこの補酵素に働いて、その働きを阻害するのである。

◉シアン化カリウムと塩酸の反応

$$\underset{\text{(塩酸)}}{KCN + HCl} \longrightarrow KCl + HCN$$

○シアン化カリウムを用いた事件

シアン化カリウムを用いた殺人事件はたくさんあるが、有名なものを見てみよう。

●ラスプーチンの事件

帝政ロシア末期の1916年に起こった事件である。ロシア皇帝ニコライ二世には幼い長男アレクセイがいたが、彼は血友病に罹っていた。子供想いの皇后アレクサンドラはそれを気に病んで、心の晴れない日を送っていた。そこに現れたのが祈祷師ラスプーチンである。

筋骨たくましく眼光の鋭い彼に会うとアレクセイは一時的に元気になりはしゃいだという。それを見て皇后も気が晴れた。このようなことが繰り返されるうちにラスプーチンは皇后の厚い信頼を獲得し、やがて皇后を通じて政治に口を出すようになった。

これを快く思わなかった貴族はラスプーチンの暗殺を決行した。晩さん会にラスプーチンを呼び、大量のシアン化カリウムをまぶした料理を食べさせた。ところがラスプーチンは平然とその料理を平らげたが、何の変化も現れなかった。仕方なく貴族たちは彼を縛り上げ、冬の凍てつくネバ川に浸けたが、それでも平然としていたという。仕方なく、最後はピストルで殺した、とされる事件である。なぜ最初からピストルで殺さなかったのかは不思議であるが、とにかくこのような事件である。

ここで問題になるのは、大量のシアン化カリウムを摂取したはずのラスプーチンがなぜ死ななかったのか？ということである。可能性は2つある。

1つはシアン化カリウムが変質していた可能性である。というのはシアン化カリウムは空気中に放置すると、下の図の反応によって無毒の炭酸カリウムK_2CO_3に変化してしまうからである。もう1つの可能性は、ラスプーチンが無酸症に罹っていた可能性である。これは胃の酸が出なくなる病気であるが、それほど珍しい病気ではないという。

今となっては、このどちらが本当の原因であったかは確かめようがない。皇帝一家がこの後ロシア革命によって惨殺されることになるのはご存知の通りである。

◉シアン化カリウムと水・二酸化炭素の反応式

$$2KCN + H_2O + CO_2 \longrightarrow K_2CO_3 + 2HCN$$

●帝銀事件

戦後間もない昭和23年冬に東京都豊島区の帝国銀行（現在の三井住友銀行）支店で起こった事件である。窓口業務が終了した3時過ぎに、保健所の職員と名乗る男が銀行に来た。そして、近くに赤痢が流行っているので、全員に消毒薬を飲んでもらうことになったと言い、全行員とたまたま居合わせたその家族、全16人を壁際に並ばせた。消毒薬は2種類あり、最初の薬は各自の湯のみ茶碗に入れて飲まされた。2番目の薬はその男が各自の口に直接スポイトで滴下した。

その直後に全員の具合が悪くなり、我先に洗面所に行って水を飲み、あるものはその場で倒れ、あるものは部屋に戻った。結局、10人が死亡した。助かった一人が銀行の外に出て助けを呼んだが、多くの人が救助に駆け込み、警察が来たときには現場は荒らされ、充分な証拠品が集まらなかったとされる。

解剖の結果、死因は〝青酸性毒物〟ということになったが、毒物は特定されなかった。犯人はなかなか捕まらなかったが、ようやく半年後、日本画家、平沢貞道が逮捕された。平沢は犯行を否定したが、きつい取り調べに耐え切れず、ついに自白した。この自白が元になって最高裁判所で死刑が確定した。物的証拠はなかったとされる。毒物は〝シアン化カリウム〟とされ、その入手経路も明らかにされなかった。

しかし、平沢は再審請求を出し続け、逮捕後39年後、八王子医療刑務所で95歳の生涯を閉じた。死因は肺炎であった。

この事件は冤罪であった可能性が高いといわれる。その理由の1つは被害者たちの死に方である。もし、致死量のシアン化カリウムを飲んだら、その場で即死に近い状態で亡くなるというのである。洗面所までいき、その後に亡くなるというのは不合理であるという。これは毒物が〝青酸化合物〟ではあっても〝青酸カリ〟ではなかったことを意味する。可能性のある毒物されるのがシアンヒドリンである。これは酸にあうと、割とゆっくりとシアン化水素を発生する。天然にあるシアンヒドリンとしては青梅のタネに含まれるアミグダリンが有名である。

青酸カリなら、終戦直後の東京だったら、日本画家の平沢でも、かつてのメッキ工場の廃屋から盗んできた、という可能性があるあろう。しかし、シアンヒドリンは特殊な化学薬品であり、大学の化学科でも滅多にお目に掛かれない。平沢が入手で

◉シアンヒドリンの反応

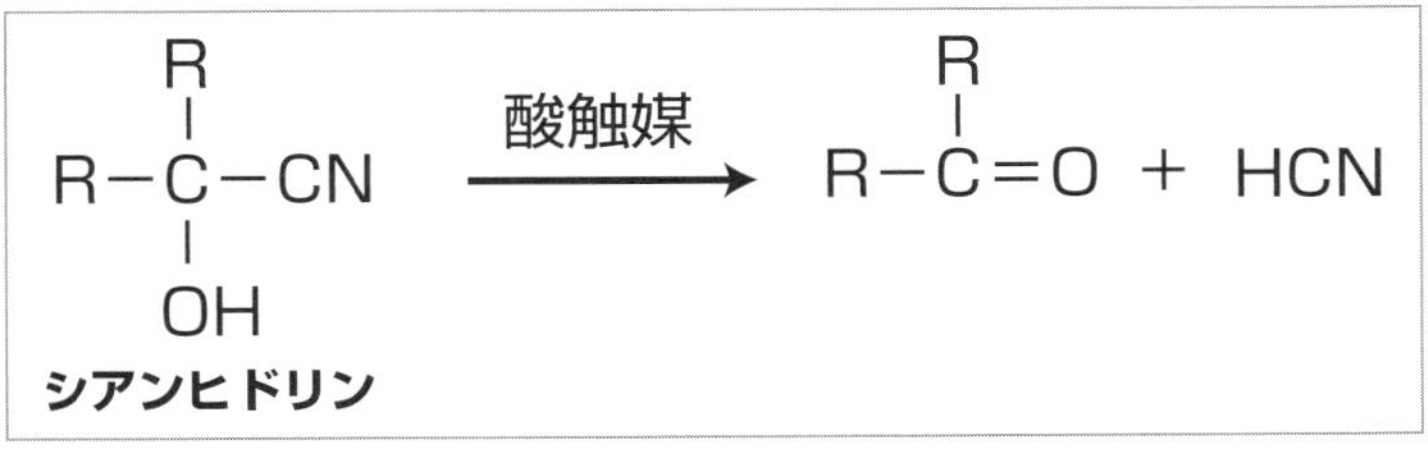

きる可能性はないといっていいだろう。

本件の真相は闇の中である。一説では、真犯人は旧日本軍で生物、薬物を研究していた部隊の関係者ではなかったかという。

○シアン化カリウムの用途

シアン化カリウムは天然には存在しない。しかも猛毒である。そのようなものなら作らなければいいのに、と思ってしまうがとんでもない。1年間に作られる量は、日本だけでもなんと3万トンである(正確には青酸ナトリウム、シアン化ナトリウムの量であるが、毒性、用途はシアン化カリウムと同じ)。

シアン化カリウムはそれだけ産業面での用途がある。では一体、何に使うのか?

それはシアン化カリウム水溶液が金、銀などの貴金属を溶かすからである。よく、金は王水(塩酸と硝酸の1:3混合物)以外に溶けないというが、そんなことはない。ヨードチンキにだって溶ける。

すなわち、金メッキ、銀メッキはシアン化カリウム水溶液中で行うのである。現在ではシアン化カリウムを用いない方法に変わりつつあるが、かつてはシアン化カリウムを使うのが主流であった。

もう1つは冶金である。金鉱石から少量の金を取り出すのは大変である。そこで金鉱石を砕いてシアン化カリウム水溶液に浸ける。すると、金が溶液に溶け出す。そこで、固体の残差（鉱滓）を捨て、残った溶液に亜鉛を入れると金が析出するというわけである。

そのほか、各種化学物質の合成にシアン化カリウムは重要な試薬なのである。毒物の面だけが強調されるのはシアン化カリウムにとって不本意であろう。

中性洗剤

一般に洗剤は両親媒性分子といわれるものの一種であり、シャボン玉から分子膜まで、身の回りに馴染の深いものである。

○分子膜

中性洗剤の分子構造は次ページの図のようなものである。洗剤としては石けんがよく知られているが、その構造も図のようである。分子には砂糖のように水に溶けやすい親水性のものと、バターのように水に溶けにくい疎水性のものがある。一分子の中に親水性の部分と疎水性の部分を併せ持った分子を一般に両親媒性分子という。洗剤は典型的な両親媒性分子である。

この分子を水に溶かすと、親水部分は水中に入るが、疎水部分は入らない。この結果、分子は逆立ちをしたような形で水面に留まる。分子の濃度を高めると、水面は分子で覆われる。この状態の分子集団はあたかも海苔のように、1枚の膜に見える。そこでこのような集団を分子膜という。超分子の一例である。

○シャボン玉と細胞膜

分子膜で重要なこと

◉中性洗剤と石けんの分子構造

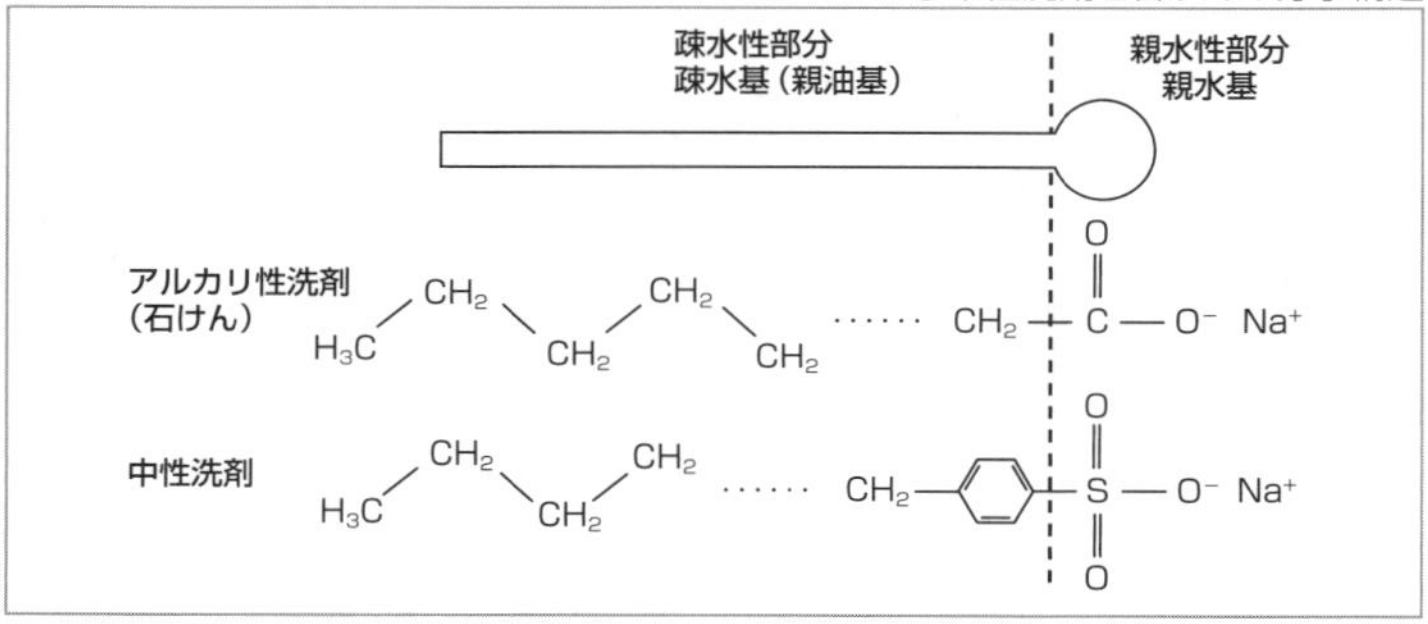

◉両親媒性分子の濃度と状態

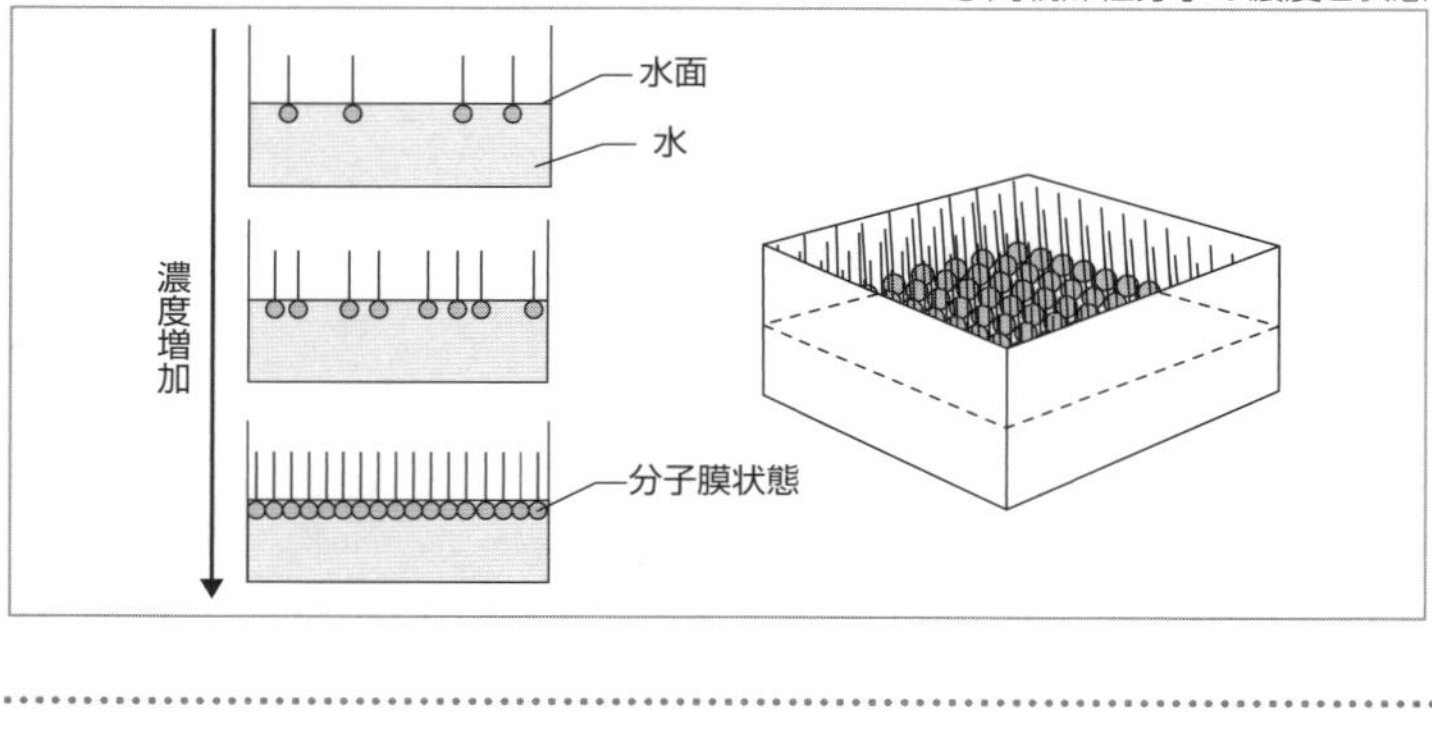

は、分子膜を構成する分子の間に結合は存在しないということである。単に並んでいるだけなのである。

分子膜は重なることもできる。このような膜を二分子膜という。何枚も重なった膜は累積膜と呼ばれる。シャボン玉は二分子膜でできた袋に空気が入ったものである。水は分子膜の合わせ目に入る。このように、シャボン玉を作る洗剤分子は並んでいるだけであり、自身に何の変化も起きていない。そのため、シャボン玉が壊れれば洗剤分子はそのまま洗剤溶液となり、ストローで吹かれればまたシャボン玉になることができる。

細胞を包む細胞膜も二分子膜の一種である。したがって、細胞はシャボン玉の中に核やミトコンドリアなど、脂肪の中身が入ったものと考えることもできる、ただし、細胞膜を作る両親媒性分子は洗剤分子ではなく、リン脂質と呼ばれるものであり、油脂から作られるものである。

◉分子膜の種類

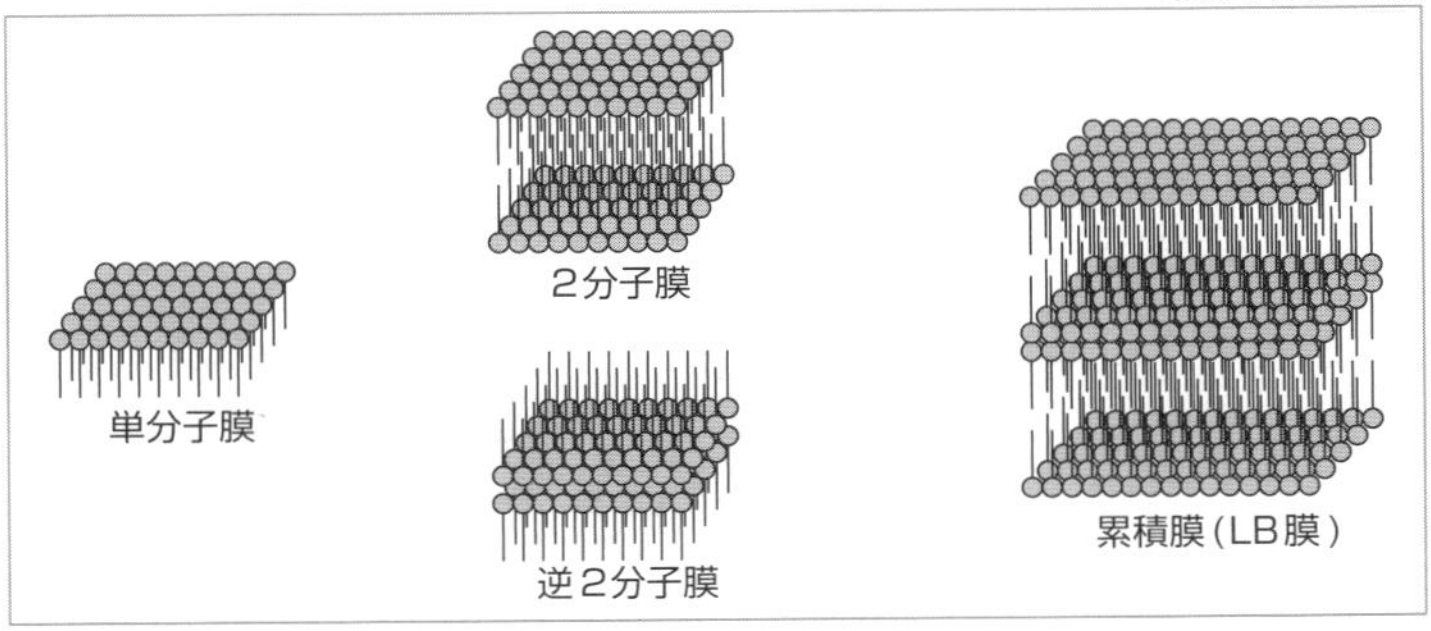

○洗濯

洗濯は、衣服についた汚れを、水を用いて落とす作業である。水でなく有機溶媒を用いればドライクリーニングと呼ばれる。

洗濯の問題点は、水に溶けない油汚れをいかにして落とすか、すなわち、水中に溶かし出すか、ということである。そのために用いるのが洗剤である。水に大量の洗剤分子を溶かすと、水面に並びきれなくなった洗剤分子は(仕方なく)水中に入る。

水中に入った分子は、油汚れを見つけると、疎水性部分で汚れに接着する。このような分子が多くなると、油汚れはあたかも分子膜で包まれたような状態になる。この集団を全体としてみると、集団の外側にはびっしりと親水性部分が並んでいる。つまり、こ

●シャボン玉と細胞膜

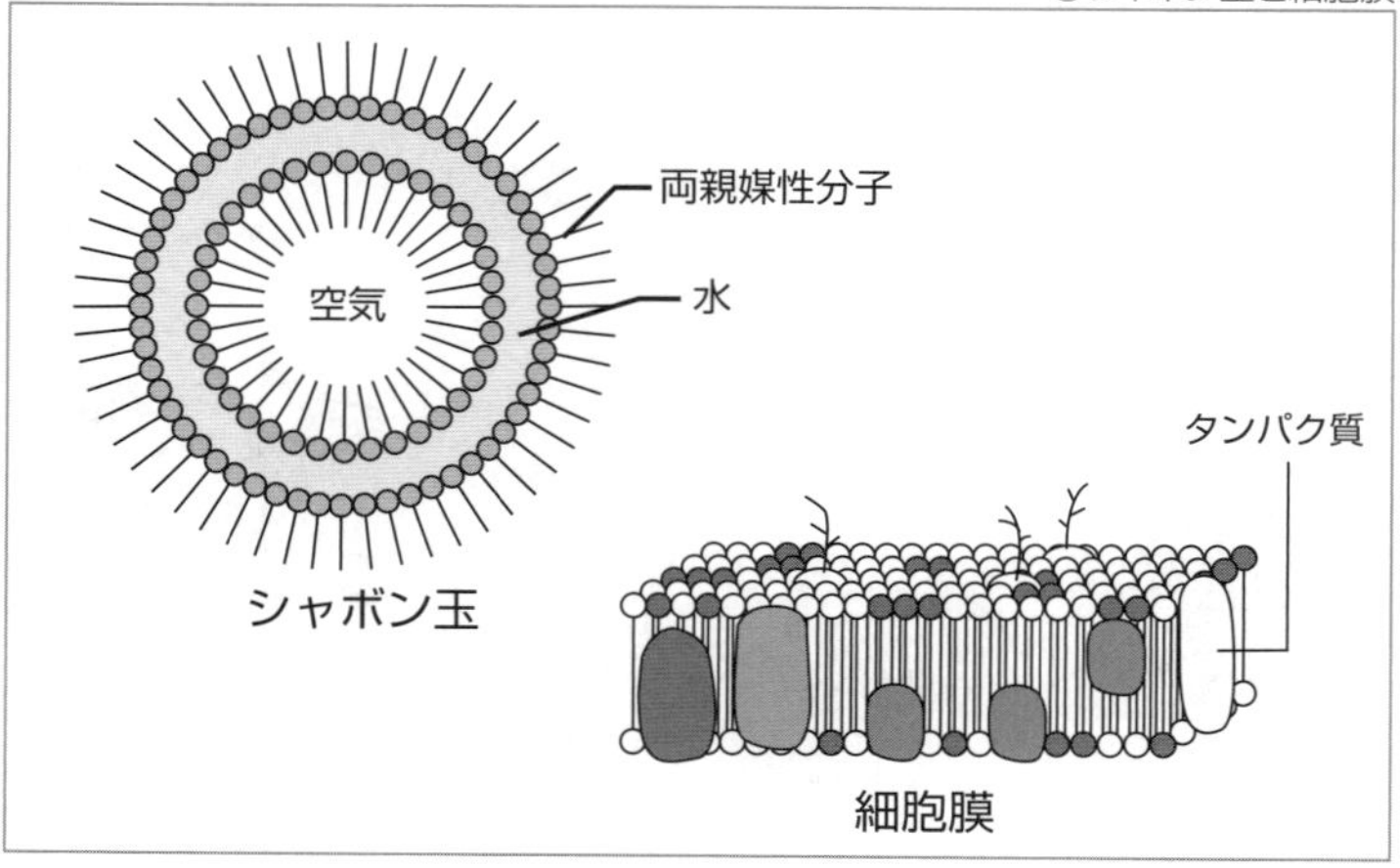

の集団は親水性なのである。ということで、この集団は全体として水に溶け出す。これは油汚れが衣服から取り去られたことを意味する。

○分子膜の利用

分子膜は細胞膜のモデルである。そのため、分子膜は医療面での利用が期待されている。

● DDS

DDS(Drug dellivery System)は患部に薬剤を直接届けるシステムである。たとえば抗ガン剤を服用すると、薬剤は血流に乗ってガン患部に到達する。その間に健常な細胞を攻撃することになり、これが重篤な副作用に結びつく。DDSは薬剤を適当な容器に入れて患部に届け、そこで容器を分解して薬剤を放出するものである。

いろいろな方法が考案されているが、有望なものの1

◉薬剤配送システム(DDS)の概念

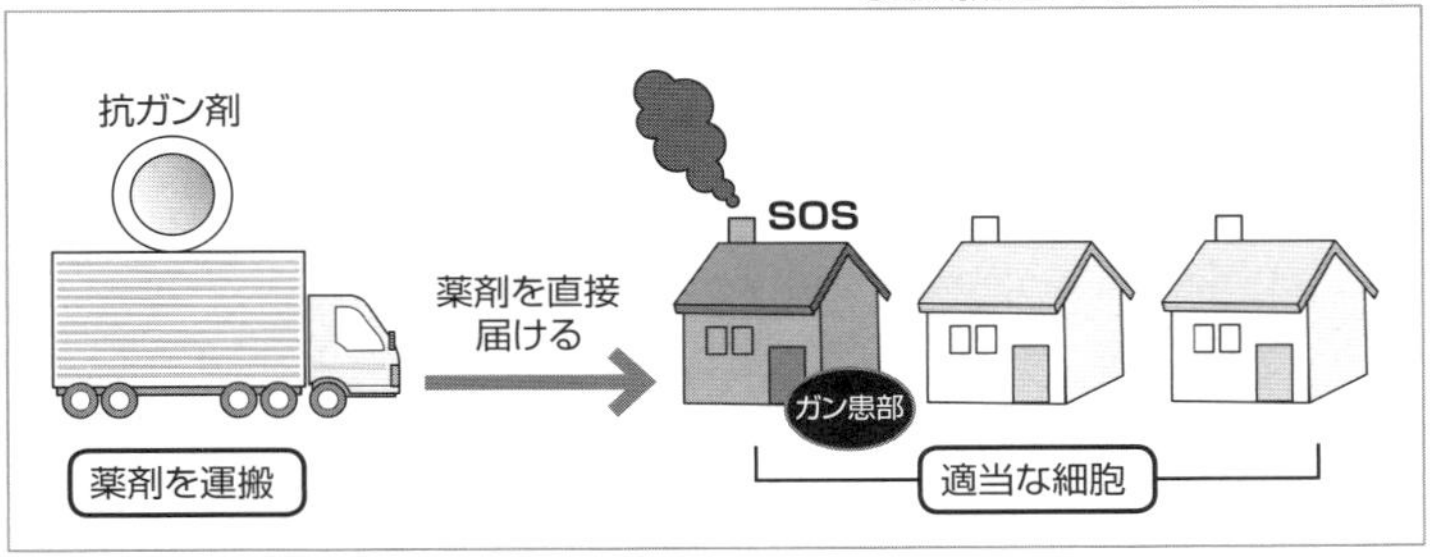

つが分子膜を用いるものである。分子膜でできた袋（極小なシャボン玉や空の細胞のイメージ）に薬剤を入れ、分子膜にガン細胞と親和性のあるガンタンパクなどを埋め込む。するとこの袋はガン細胞に選択的に到達し、そこで分解して抗ガン剤を放出するのである。

●抗ガン剤

酵素などのタンパク質は細胞膜に存在することが多い。細胞膜上のタンパク質は細胞膜に結合しているのではなく、単に埋め込まれているだけである。海洋に浮かぶ氷山のようなものである。細胞膜上を移動するし、ある細胞から他の細胞に乗り移ることもある。

ガン細胞の近くに、人工分子膜でできたダミー細胞を置くと、ガン細胞のタンパク質がダミー細胞に移動する。タンパク質は生命維持に欠かせないものである。このタンパク質を失ったガン細胞は死滅する。すなわち、ガンが治ることになる。両親媒性分子そのものに抗がん作用は微塵もないが、それが作った構造体すなわち超分子は、抗がん作用を持つのである。薬剤の新しいコンセプトである。

●ガンワクチン

ガン細胞のタンパク質が移動してきたダミー細胞はどうなるであろうか。ここには、ガン細胞のタンパク質が存在するが、ダミーはダミーである。細胞ではなく、増殖するはずがない。

病原体（ガン）の性質の一部は持っているが、増殖はしない。これはワクチンのコンセプトに似ている。ということで、このダミー細胞を用いて研究したところ、ガンを治療する効果のあることがわかった。これは一種のガンワクチンである。このような方法によって、今後、各種の人工ワクチンが開発されるものと期待される。

◉人口ガンワクチン

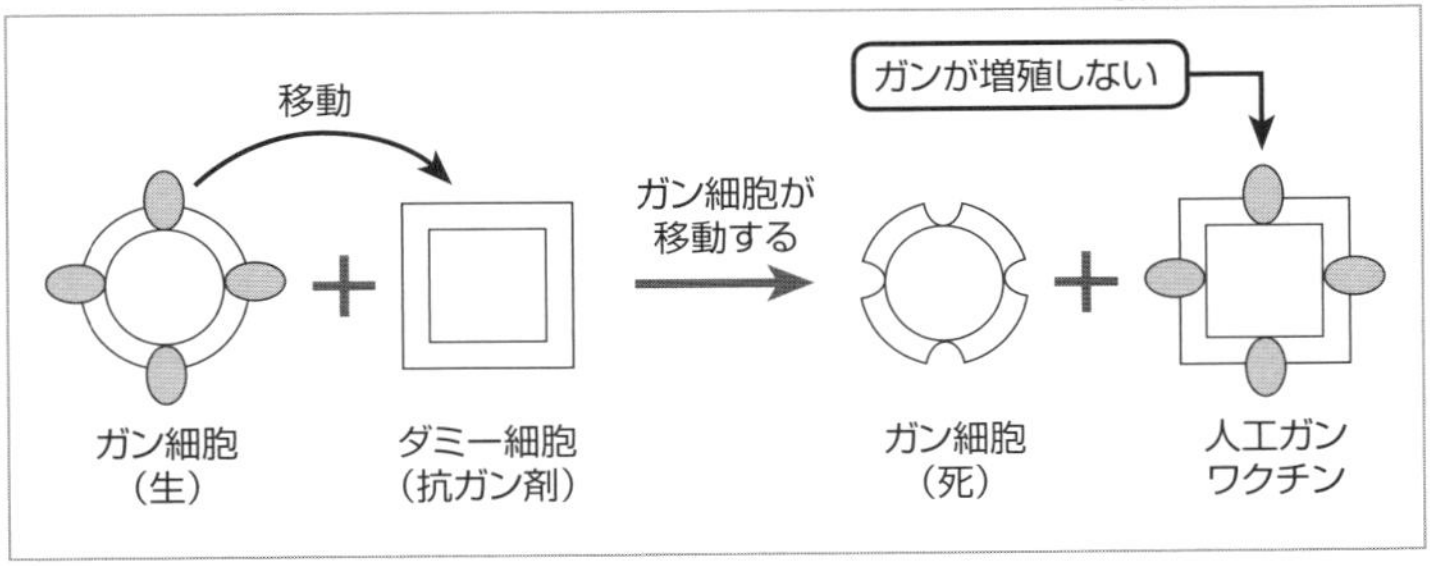

実験器具の紹介

今回、亜澄が行っていたのはグリニャール反応である。この反応名は反応を発見した化学者、グリニャールの名前を取った反応である。このような反応を一般に人名反応という。研究的、合成的、あるいは産業的に有用なものが多い。中でもグリニャール反応は、合成的に非常に有用な反応である。

グリニャール反応

その一方、グリニャール反応は反応系に空気（酸素）、あるいは湿気（水分）が入ると直ちに失敗する。そのため、空気、湿気を遮断した反応系で反応を行う必要があり、化学系学生の基本的な練習実験として重要視される。

反応は次のように3段階で進行する。

❶ $Mg + R'Br \rightarrow R'MgBr$（グリニャール試薬生成）

❷ $R'MgBr + R_2C{=}O \rightarrow R'R_2COMgBr$（中間体生成）

❸ $R'R_2COMgBr + H_2O \rightarrow R'R_2COH$（最終生成物：アルコール生成）

反応装置

グリニャール反応の典型的な反応装置は次の図のようなものである。装置の中心になる反応容器は三口フラスコである。そこに、温度計、滴下ロート、ジムロート冷却管が接続されている。接続部分はもちろん共通ジョイントである。滴下ロートには側管が付けられ、三口フラスコと滴下ロート内の気圧が同じになるようになっている。反応容器はシリコンオイルの入った油浴に漬けられ、必要に応じて加熱される。装置全体は加熱撹拌機の上に設置され、加熱されると同時に電磁誘導によって撹拌される。

反応手順

グリニャール反応の第一段階は❶にしたがってグリニャール試薬を作ることである。そのため、三口フラスコ内にはあらかじめ、細かく切ったマグネシウムリボンと乾燥溶媒（たとえば乾燥エーテル）が入れられている。

◉グリニャール反応の反応装置

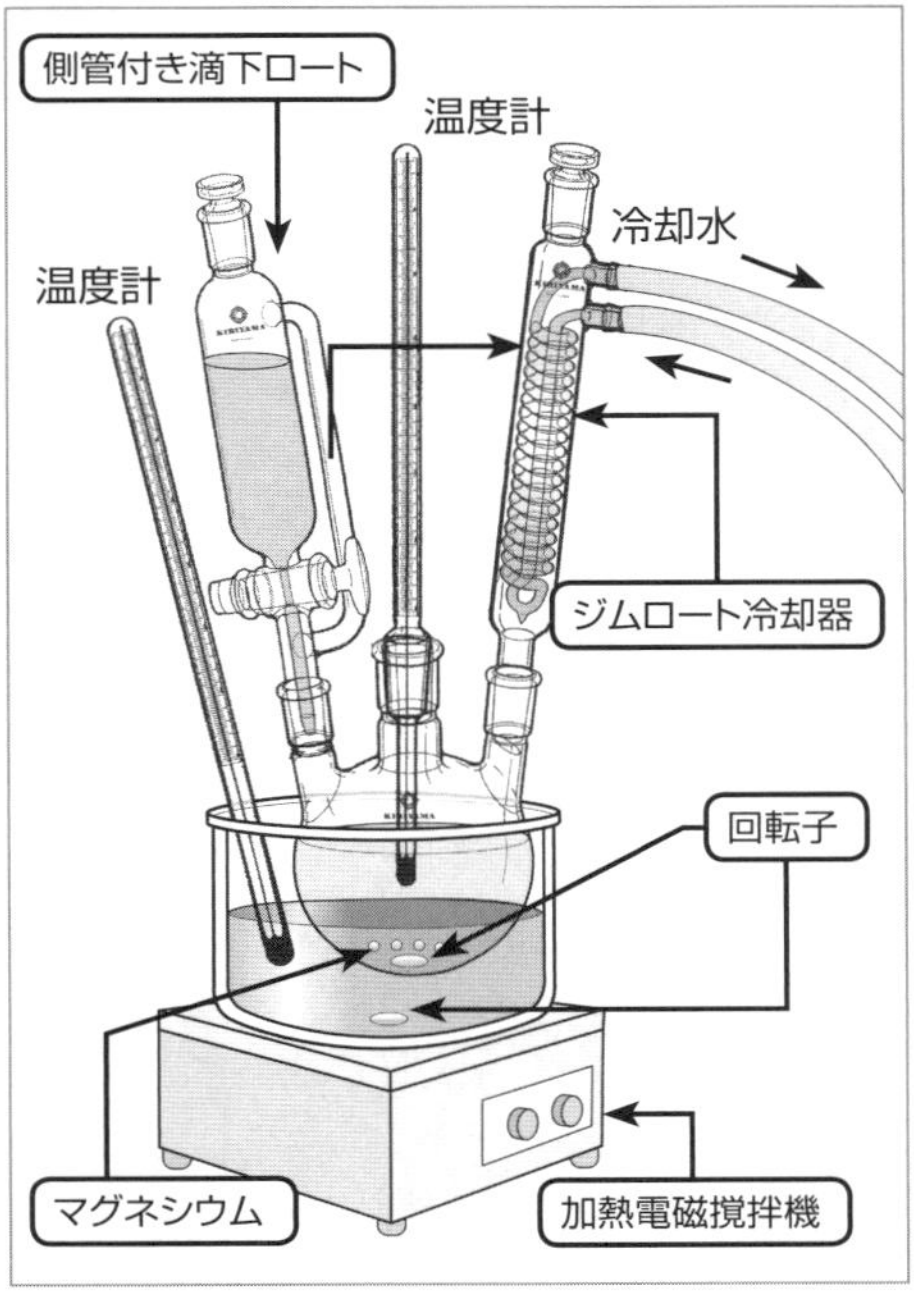

側管付き滴下ロート
温度計
温度計
冷却水
ジムロート冷却器
回転子
マグネシウム
加熱電磁撹拌機

そこに、滴下ロートに入れられた試薬溶液（$R'Br$の乾燥エーテル溶液）を滴下する。すると、発熱的に反応が進行し、グリニャール試薬（$R'MgBr$）が生成する。このときの熱によって溶媒（エーテル）が沸騰することがあるが、発生したエーテルの蒸気はジムロート冷却管によって冷やされて液体となり、反応容器に戻る。つまり、加熱還流状態となる。

反応が終了して反応容器内にグリニャール試薬ができたら、滴下ロートに次の試薬、すなわちケトン（$R_2C=O$）の乾燥エーテル溶液を入れ、反応容器に滴下する。すると、❷の反応が起こって反応中間体（$R'R_2COMgBr$）が生成する。

最後に、滴下ロートに水H_2Oを入れ、反応容器に滴下すると❸の反応が起こって、最終生成物のアルコール（$R'R_2COH$）が得られる。

このように、グリニャール反応では、たった1つの反応容器（三口フラスコ）に次々と異なる試薬を加えることによって反応が進行する。そのため、このような反応を特にワンポットリアクション（単一容器反応）ということがある。

サイエンスミステリー小説として読みたい人向けに全編小説で書き上げた

コンプリートエディション
絶賛発売中!

コンプリートエディション

亜澄錬太郎の事件簿①

創られたデータ

ISBN : 978-4-86354-773-5

本体1,700円+税　B6判

コンプリートエディション

亜澄錬太郎の事件簿②

殺意の卒業旅行

ISBN : 978-4-86354-774-2

本体1,700円+税　B6判

お求めは、お近くの書店、もしくはネット書店、弊社通販サイト 本の森.JP (http://www.honmori.jp/)にて、ご注文をお願いいたします。

■著者紹介

齋藤《さいとう》 勝裕《かつひろ》

名古屋工業大学名誉教授、愛知学院大学客員教授。

大学に入学以来50年、化学一筋できた超まじめ人間。専門は有機化学から物理化学にわたり、研究テーマは「有機不安定中間体」、「環状付加反応」、「有機光化学」、「有機金属化合物」、「有機電気化学」、「超分子化学」、「有機超伝導体」、「有機半導体」、「有機EL」、「有機色素増感太陽電池」と、気は多い。

執筆暦はここ十数年と日は浅いが、出版点数は140点を超え、月刊誌状態である。量子化学から生命化学まで、化学の全領域にわたる。更には金属や毒物の解説、呆れることには化学物質のプロレス中継?まで行っている。あまつさえ科学推理小説にまで広がるなど、犯罪的?と言って良いほど気が多い。その上、電波メディアで化学物質の解説を行うなど頼まれると断れない性格である。

趣味は、アルコール水溶液鑑賞は一日たりとも怠りなく、ベランダ園芸で屋上をジャングルにしているほか、釣り、彩木画（木象嵌、木製モザイク）作成、ステンドグラス作成、木彫とこれまた気が多い。彩木画は作品集を出版し、文化講座で教室を開いて教えている。自宅の壁という壁、窓と言う窓は全て彩木画とステンドグラスの作品で埋まり、美術館と倉庫が一緒になったような家と言われる。現役時代には、昼休みに研究室でチェロを擦っては学生さんに迷惑をかけた。最近は、五目釣りに出かけては小魚を釣って帰り、料理をせがんで家人に迷惑を掛けている。酔ってはハムスターを引っ張り出して彼の顔を舐め回し、ハムスターに迷惑がられている。ハムクンごめんなさい。

イラスト協力：有限会社 桐山製作所　http://www.kiriyama.co.jp/

編集担当：西方洋一 ／ カバーデザイン：秋田勘助（オフィス・エドモント）
本文イラスト：C&R 研究所デザイン室

サイエンスミステリー
亜澄錬太郎の事件簿1　創られたデータ

2015年11月2日　初版発行

著　者　齋藤勝裕

発行者　池田武人

発行所　株式会社　シーアンドアール研究所
本　社　新潟県新潟市北区西名目所4083-6（〒950-3122）
東京支社　東京都千代田区飯田橋2-12-10日高ビル3F（〒102-0072）
電話　03-3288-8481　FAX　03-3239-7822

印刷所　株式会社　ルナテック

ISBN978-4-86354-187-0 C0047